沙尘天气年鉴

2007年

中国气象局 编

SAND-DUST WEATHER ALMANAC 2007

气象出版社
China Meteorological Press

图书在版编目(CIP)数据

沙尘天气年鉴. 2007年/中国气象局编. —北京：气象出版社，2009.7
ISBN 978-7-5029-4783-5

Ⅰ. 沙... Ⅱ. 中... Ⅲ. 沙暴—中国—2007—年鉴
Ⅳ. P425.5-54

中国版本图书馆CIP数据核字(2009)第106287号

气象出版社 出版
(北京市海淀区中关村南大街46号 邮编：100081)
总编室：010-68407112 发行部：010-68409198
网址：http://www.cmp.cma.gov.cn E-mail:qxcbs@263.net
责任编辑：陈 红 汪勤模 终审：俞卫平
装帧设计：博雅思企划 责任校对：石 仁
*
北京佳信达恒智彩印有限公司 印刷
气象出版社 发行
*
开本：787×1092 1/16 印张：5.75 字数：147千字
2009年7月第1版 2009年7月第1次印刷
定价：50.00元

《沙尘天气年鉴》（2007年）编写人员

国家气象中心： 张金艳　李　勇　张亚妮　毛冬艳　赵　瑞　乔　林　宗志平　李延香　韩燕革　吴焕萍　吕终亮

国家气候中心： 邹旭恺　陈　峪　艾婉秀

国家卫星气象中心： 李小龙　任素玲　王　瑾　姬　翔

北京市气象局： 舒文军　陈大刚

前　言

沙尘天气是风将地面尘土、沙粒卷入空中，使空气混浊的一种天气现象的统称，是影响我国北方地区的主要灾害性天气之一。强沙尘天气的发生往往给当地人民的生命财产造成巨大损失。

近几年来，随着社会、经济的发展和西部大开发战略的实施，沙尘天气给国民经济、生态环境和社会活动等诸多方面造成的灾害性影响越来越受到社会各界和国际上的关注。我国对沙尘天气也越来越重视，监测手段的逐渐增多以及沙尘天气研究工作取得的进展，使沙尘天气的预报水平不断地提高，为防御和减轻沙尘天气造成的损失做出了重大贡献。

为了适应沙尘天气科学研究的需要，也为各级气象台站气象业务技术人员提供更充分的沙尘天气信息，更好地掌握沙尘天气活动规律，提高预报准确率，国家气象中心组织整编了《沙尘天气年鉴》(2007 年)。年鉴中有关资料承蒙全国各有关省、直辖市、自治区气象局及广大气象台站的大力协作和支持，使编写工作得以顺利完成。

《沙尘天气年鉴》的内容包括对当年沙尘天气过程概况的描述和沙尘天气产生的气象条件的分析，全年和逐月沙尘天气时空分布及主要沙尘天气过程相关图表等。

FOREWORD

Sand-dust weather is the phenomenon that wind blows dust and sand from ground into the air and makes it turbid. It's one of the main disastrous weather phenomena influencing northern areas of our country. Great casualties of people's lives and properties occur in these areas because of severe sand-dust weather.

In recent years, with the development of society and economy, implementation of strategy for development of western China, the disastrous influence of sand-dust weather on national economy, ecology and social life has become a hot issue in China, even in the world. With more and more attention to sand-dust weather and gradual increment of monitoring ways, the sand-dust weather research has been made and forecast level for this kind of weather has been improved, which contributes a lot to loss mitigation and sand-dust weather prevention.

In order to meet the requirements of sandstorm research, provide more sufficient sand-dust weather information for weather forecasters, National Meteorological Center compiled this "Sand-dust Weather Almanac 2007". The volume of almanac not only assists us by obtaining further knowledge on the behavior of sandstorm and improving forecast accuracy but provides better service for prevention of sandstorm as well. Thanks for the contribution of sand-dust data from relevant meteorological sections. We own the success of this compilation to the great support of all the meteorological observatories and stations country-wide.

"Sand-dust Weather Almanac" covers the annual general situation and meteorological background of sand-dust weather, annual and monthly temporal and spatial distribution charts of different types of sand-dust weather, as well as some charts and tables of main sand-dust weather cases.

说 明

一、沙尘天气及沙尘天气过程的定义

本年鉴有关沙尘天气及沙尘天气过程的定义执行国家标准 GB/T 20480 – 2006《沙尘暴天气等级》。

沙尘天气分为浮尘、扬沙、沙尘暴、强沙尘暴和特强沙尘暴五类。

1. 浮尘：当天气条件为无风或平均风速≤ 3.0 m/s 时，尘沙浮游在空中，使水平能见度小于 10 km 的天气现象。
2. 扬沙：风将地面尘沙吹起，使空气相当混浊，水平能见度在 1 ~ 10 km 以内的天气现象。
3. 沙尘暴：强风将地面尘沙吹起，使空气很混浊，水平能见度小于 1 km 的天气现象。
4. 强沙尘暴：大风将地面尘沙吹起，使空气非常混浊，水平能见度小于 500 m 的天气现象。
5. 特强沙尘暴：狂风将地面尘沙吹起，使空气特别混浊，水平能见度小于 50 m 的天气现象。

沙尘天气过程分为五类：浮尘天气过程、扬沙天气过程、沙尘暴天气过程、强沙尘暴天气过程和特强沙尘暴天气过程。

1. 浮尘天气过程：在同一次天气过程中，相邻 5 个或 5 个以上国家基本（准）站在同一观测时次出现了浮尘的沙尘天气。
2. 扬沙天气过程：在同一次天气过程中，相邻 5 个或 5 个以上国家基本（准）站在同一观测时次出现了扬沙或更强的沙尘天气。
3. 沙尘暴天气过程：在同一次天气过程中，相邻 3 个或 3 个以上国家基本（准）站在同一观测时次出现了沙尘暴或更强的沙尘天气。
4. 强沙尘暴天气过程：在同一次天气过程中，相邻 3 个或 3 个以上国家基本（准）站在同一观测时次成片出现了强沙尘暴或特强沙尘暴天气。
5. 特强沙尘暴天气过程：在同一次天气过程中，相邻 3 个或 3 个以上国家基本（准）站在同一观测时次出现了特强沙尘暴的沙尘天气。

为了同往年《沙尘天气年鉴》统一，依照中国气象局《沙尘天气预警业务服务暂行规定（修订）》（气发[2003]12号），本年鉴只统计和分析浮尘、扬沙、沙尘暴和强沙尘暴四类以及浮尘天气过程、扬沙天气过程、沙尘暴天气过程和强沙尘暴天气过程四类。

二、资料与统计方法

2007年沙尘天气日数和站数、沙尘天气过程和强度等是逐日8个时次（时界：北京时00时）地面观测资料的统计结果。

具体统计方法如下：①某测站一日8个时次只要有一个时次出现沙尘天气，则该站记有一个沙尘日；②某测站一日8个时次只要有一个时次出现了扬沙、沙尘暴或强沙尘暴，记有一个扬沙日；③某测站一日8个时次只要有一个时次出现沙尘暴或强沙尘暴，记有一个沙尘暴日；④某测站一日8个时次只要有一个时次出现强沙尘暴，记有一个强沙尘暴日；⑤对某日沙尘天气站数的统计也遵循上述规定。

三、沙尘天气过程编号标准

国家气象中心对每年移入或发生在我国天气预报区域内的扬沙、沙尘暴、强沙尘暴天气过程按照其出现的先后次序进行编号，编号用 6 位数码，前四位数码表示年份，后两位数码表示出现的先后次序。例如：2007 年出现的第 6 次沙尘天气过程应编为“200706”。

四、沙尘天气过程纪要表内容

沙尘天气过程纪要表包括该年出现的所有扬沙、沙尘暴和强沙尘暴天气过程，其相关内容包括：沙尘天气过程编号、起止时间、过程类型、主要影响系统、扬沙和沙尘暴影响范围和风力。其中主要影响系统是指引起沙尘天气的地面天气尺度的天气系统，主要包括冷锋、气旋、低气压。冷锋是冷气团占主导地位推动暖气团移动的锋，锋后常伴有大风。低气压是指中心气压低于四周并具有闭合等压线的天气系统。蒙古气旋产生于蒙古国及我国内蒙古或东北地区，它由两到三种冷暖气团交汇而成，通常从气旋中心往外有冷锋、暖锋或锢囚锋生成，气旋发展强烈时常出现大风。

五、年及各月沙尘天气日数分布图

年及各月沙尘天气日数分布图包括年及各月沙尘天气出现日数分布图、扬沙天气出现日数分布图、沙尘暴天气出现日数分布图和强沙尘暴天气出现日数分布图。

六、沙尘天气过程图表

沙尘天气过程图表包括沙尘天气过程描述表、沙尘天气范围图、500hPa环流形势图、地面天气形势图及气象卫星监测图像等。沙尘天气过程描述表中的最大风速是从该次沙尘天气过程中所有出现沙尘天气站点的定时观测中统计出来的最大风速。500hPa环流形势图、地面天气形势图的选用原则是能充分反映造成该次沙尘天气过程的环流形势及影响系统，图中G(D)表示高(低)压中心，L(N)表示冷(暖)中心。

七、沙尘天气路径划分标准

沙尘天气路径分为偏北路径型、偏西路径型、西北路径型、南疆盆地型和局地型五类。

1. 偏北路径型：沙尘天气起源于蒙古国或我国东北地区西部，受偏北气流引导，沙尘主体自北向南移动，主要影响西北地区东部、华北大部和东北地区南部，有时还会影响到黄淮等地；
2. 偏西路径型：沙尘天气起源于蒙古国、我国内蒙古西部或新疆南部，受偏西气流引导，沙尘主体向偏东方向移动，主要影响我国西北、华北，有时还影响到东北地区西部和南部；
3. 西北路径型：沙尘天气一般起源于蒙古国或我国内蒙古西部，受西北气流引导，沙尘主体自西北向东南方向移动，或先向东南方向移动，而后随气旋收缩北上转向东北方向移动，主要影响我国西北和华北，甚至还会影响到黄淮、江淮等地；
4. 南疆盆地型：沙尘天气起源于新疆南部，并主要影响该地区；
5. 局地型：局部地区有沙尘天气出现，但沙尘主体没有明显的移动。

目　录

1 2007年沙尘天气概况

1.1 沙尘天气过程

2007 年全年我国共出现了 18 次沙尘天气过程，其中扬沙天气过程 9 次、沙尘暴天气过程 8 次、强沙尘暴天气过程 1 次。这 18 次沙尘天气过程中以偏西路径型为主，有 9 次，西北路径型出现了 4 次，局地型 3 次，偏北路径型 2 次。首次发生的沙尘天气过程为 2007 年 1 月 25 – 26 日的扬沙天气过程，末次是 12 月 27 – 29 日的扬沙天气过程。2007 年强度最强、影响范围较大的过程是 3 月 30 – 31 日的强沙尘暴天气过程，沙尘天气涉及新疆的南疆盆地、内蒙古中西部和东南部、宁夏东部和南部、陕西北部、山西北部和西南部、河北西北部、吉林中南部、辽宁大部、山东南部、江苏北部等 10 个省（区），沙尘暴和强沙尘暴主要出现在内蒙古西部偏东地区和中部，过程中先后有 18 个测站出现了沙尘暴，其中 9 个测站出现了强沙尘暴。

1.2 沙尘天气日数

2007 年我国秦岭、淮河以北的大部分地区以及江南和西藏西部等地的局部地区出现了沙尘天气（图 1.1）。沙尘天气的分布有两个明显的多发区：一个位于南疆盆地，沙尘天气日数一般有 20 ~ 60 天，部分地区达 80 ~ 100 天，其中塔中、民丰、和田出现的沙尘天气日数最多，依次为 172 天、140 天和 132 天；另一个位于内蒙古西部、青海柴达木盆地、甘肃河西地区、宁夏北部，沙尘天气日数一般有 10 ~ 20 天，其中，内蒙古西部的部分地区以及甘肃河西地区的局部地区有 30 天左右。

扬沙天气主要出现在我国西北地区、内蒙古大部、东北平原南部、华北西部和北部以及西藏西部的部分地区(图 1.2),两个多发区的位置与沙尘天气十分相近，其扬沙天气出现日数一般为 10 ~ 20 天，部分地区达 30 天以上，其中新疆塔中和内蒙古海力素出现日数分别为 69 天和 37 天。

出现沙尘暴的区域较扬沙明显北缩（图 1.3），主要分布在南疆盆地、内蒙古中西部、青海北部和甘肃河西地区。沙尘暴的两个多发区分别位于南疆盆地和内蒙古西部，其沙尘暴日数一般为 5 ~ 10 天，部分地区超过 10 天，新疆民丰和内蒙古拐子湖出现日数分别达 18 天和 16 天。

强沙尘暴出现在南疆盆地、青海西北部、内蒙古中西部等地（图 1.4），强沙尘暴日数一般为 1 ~ 2 天，部分地区为 3 ~ 5 天，两个多发区也分别位于南疆盆地和内蒙古西部。

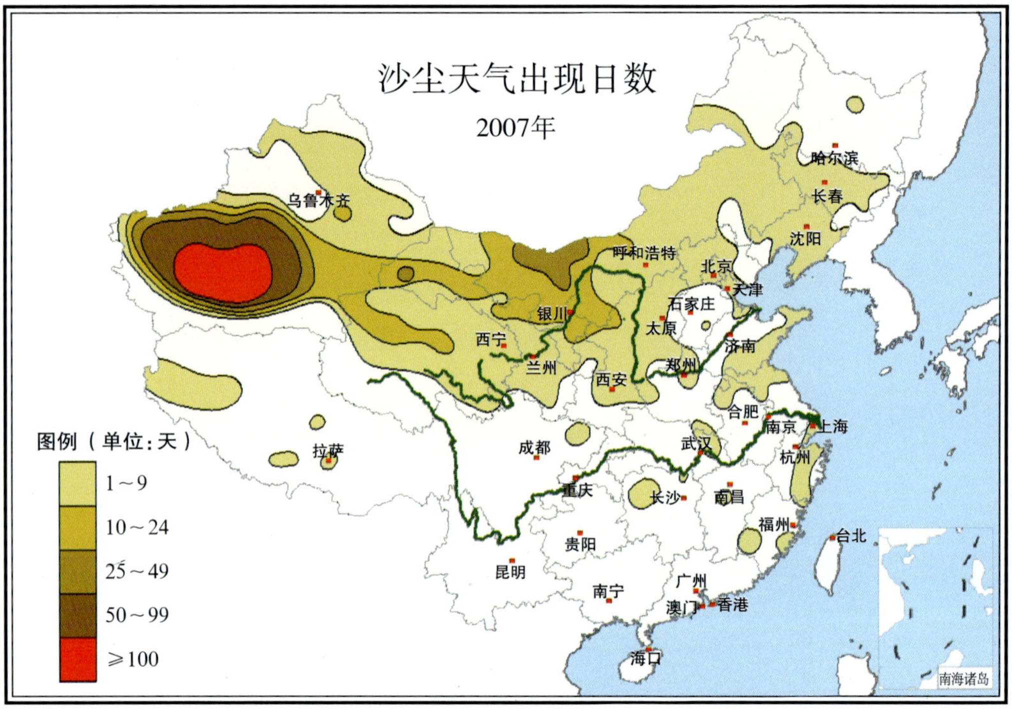

图1.1 2007年沙尘天气日数图

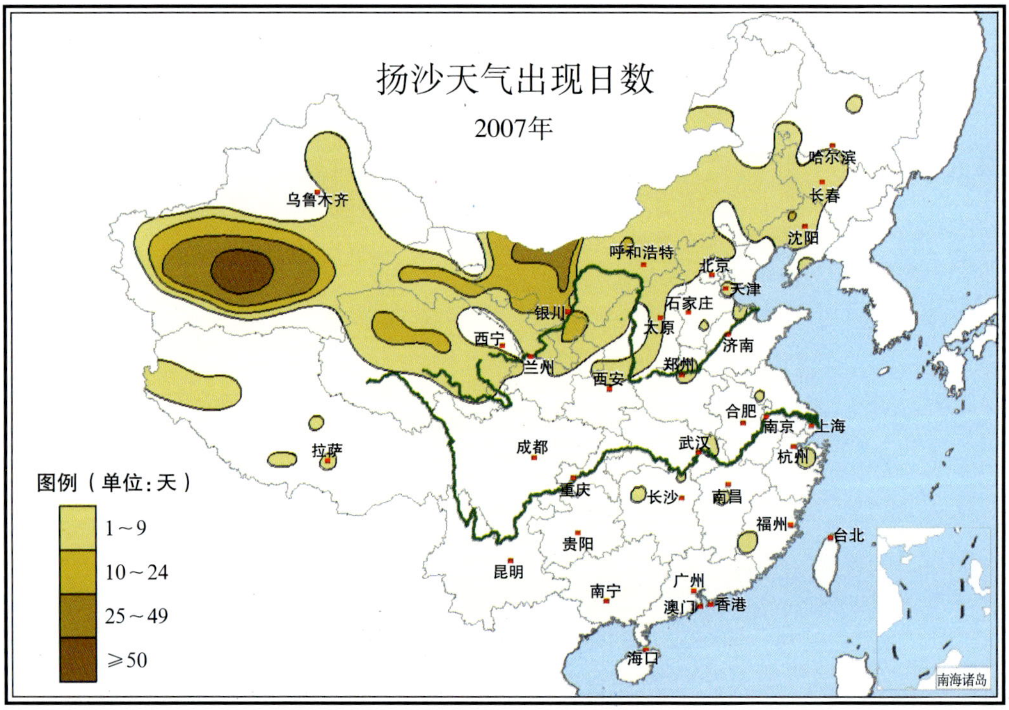

图1.2 2007年扬沙天气日数图

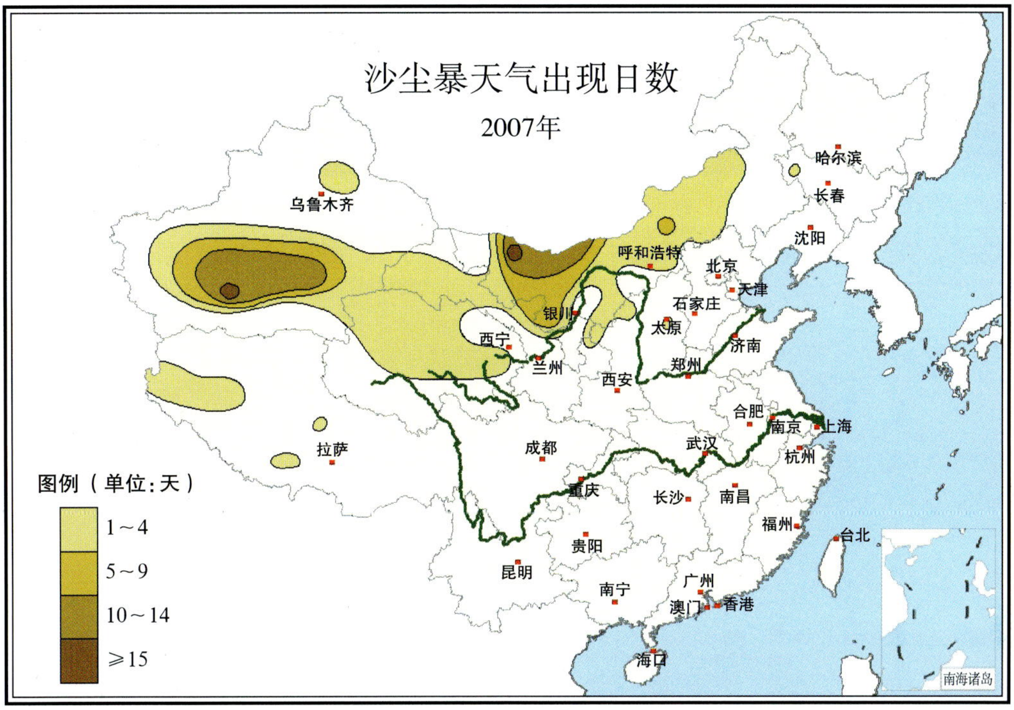

图1.3　2007年沙尘暴天气日数图

图1.4　2007年强沙尘暴天气日数图

1.3 2007年春季沙尘天气主要特点

2007 年春季（3 – 5 月）沙尘天气的主要特点是范围小、频次少、强度弱、影响小，春季后期沙尘天气和沙尘天气过程次数偏多、多发期结束晚。

（1）沙尘天气过程次数略多于近 8 年平均值，沙尘天气过程强度偏弱

2007 年春季我国共出现了 14 次沙尘天气过程（图 1.5），其中，扬沙、沙尘暴天气过程和强沙尘暴天气过程出现次数分别为 5 次、8 次和 1 次。2007 年春季我国沙尘天气过程次数略多于 2000 – 2007 年的平均次数（13.4 次）。

2007 年春季沙尘天气过程强度偏弱，在 14 次沙尘天气过程中，强沙尘暴天气过程仅出现 1 次，比 2006 年同期强沙尘暴天气过程（5 次）明显偏少，也少于近 8 年平均值（2.1 次）。

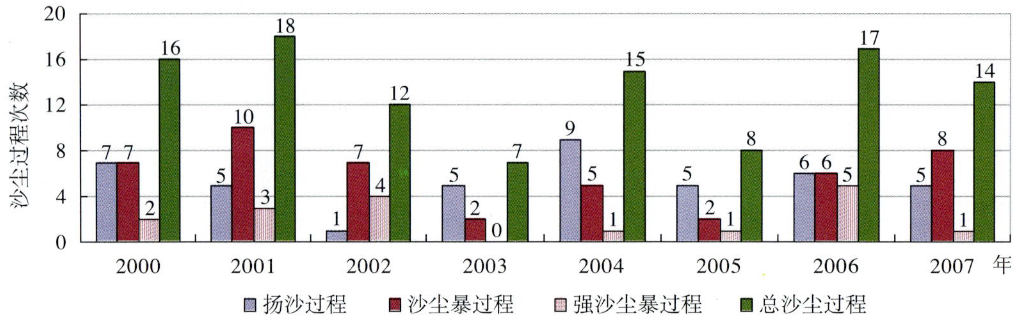

图1.5 2000 – 2007年春季我国各类沙尘天气过程次数及总次数逐年变化

（2）沙尘天气范围偏小，频次偏少，强度偏弱

从空间分布来看，2007 年春季我国出现沙尘天气的范围偏小，沙尘天气主要出现在西北地区、华北西部和北部及东北地区中南部，沙尘、扬沙、沙尘暴和强沙尘暴的总站数依次为 239、160、67 和 23 站（图 1.6），比 2000 – 2007 年同期各类沙尘天气相应的总站数平均值（277、195、78 和 31 站）少 14% ~ 28%，为近 8 年以来同期沙尘天气范围第三小的年份，仅多于 2003 年和 2005 年。

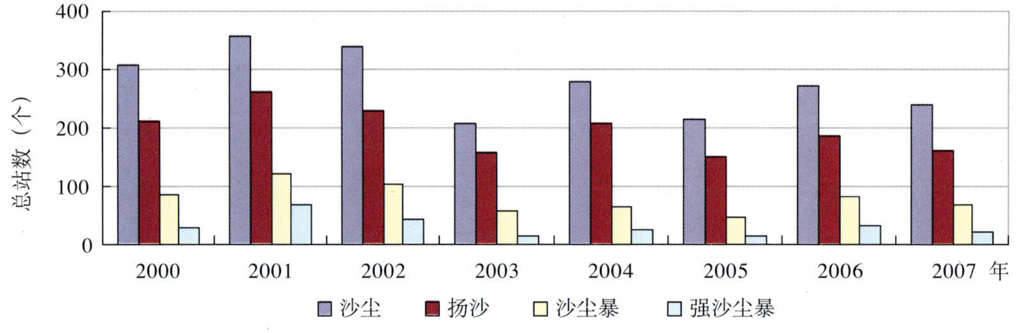

图1.6 2000 – 2007年春季全国沙尘天气总站数逐年变化

2007 年春季的沙尘天气不但范围偏小，而且频次偏少、强度偏弱。2007 年春季累计出现的沙尘、扬沙、沙尘暴、强沙尘暴总站日数依次为 1494、633、171 和 35 站·天（图 1.7），较近 8 年以来同期各类沙尘天气总站日数平均值（1784、884、210 和 58 站·天）偏少 2 ～ 4 成。

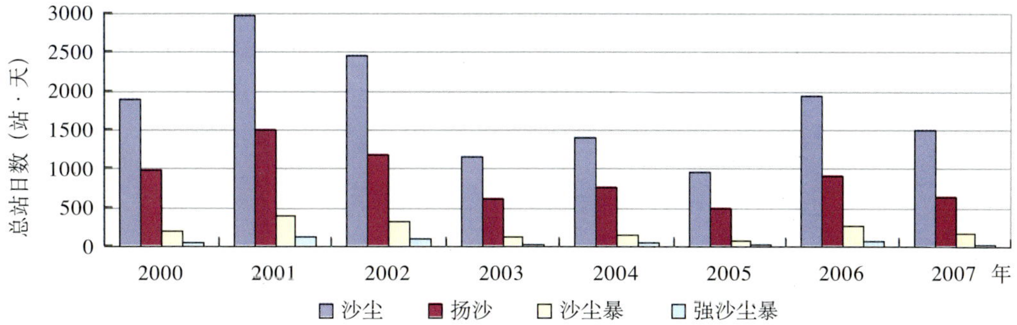

图1.7　2000－2007年春季全国沙尘天气总站日数逐年变化

（3）春季后期沙尘天气和沙尘天气过程次数偏多，多发期结束晚

从时间分布来看，2007 年的沙尘天气仍主要出现在春季，其中，扬沙、沙尘暴、强沙尘暴站日数从 3 － 5 月逐月增多（图 1.8），春季各月发生的沙尘天气过程次数也从 3 － 5 月逐月增多，5 月出现的沙尘天气过程次数为近 8 年同期最多（图 1.9）。

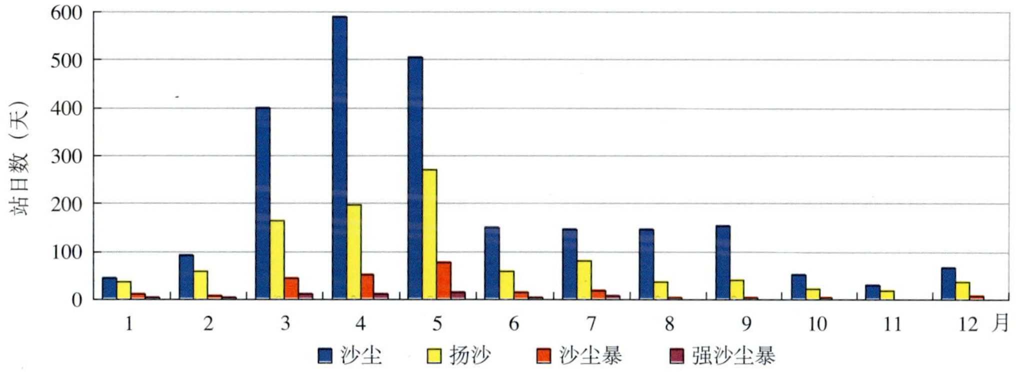

图1.8　2007年全国逐月沙尘天气站日数时间序列

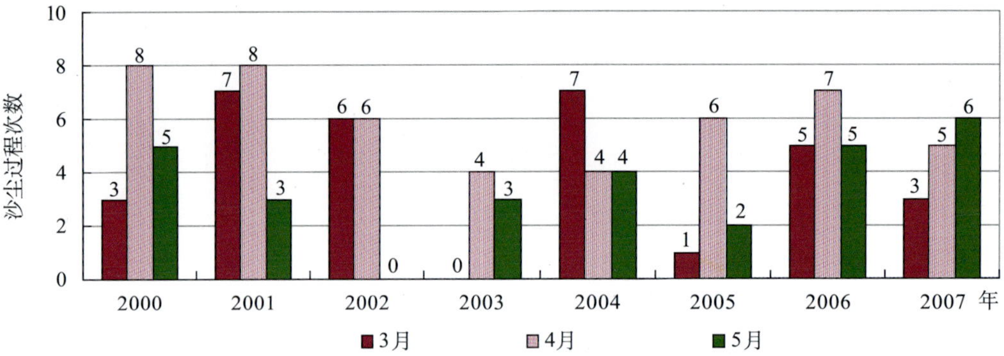

图1.9　2000－2007年春季我国各月沙尘天气过程次数

从旬的变化规律来看，2007 年春季的沙尘天气有三个多发期：3 月下旬、4 月中旬和 5 月，旬扬沙天气站日数为 70 ～ 140 天（图 1.10），春季的 14 次沙尘天气过程中有 12 次是出现在这三个多发期中。在这三个多发期中，3 月下旬扬沙天气站日数最多，为 141 天；3 月下旬发生的沙尘天气过程也多，在 3 月 24 日至 4 月 3 日的 11 天时间里，接连发生了 4 次沙尘天气过程，平均两天多就出现一次。

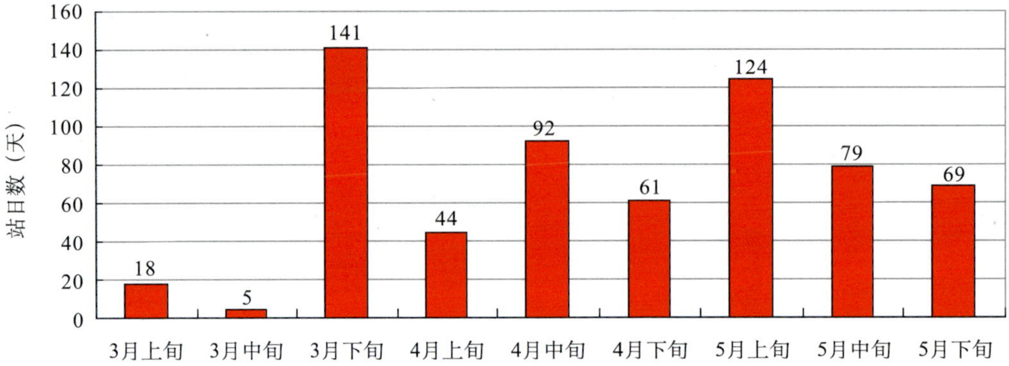

图1.10　2007年春季逐旬全国扬沙天气站日数

图 1.11 给出了 2000 － 2007 年全国 5 月和 5 月下旬扬沙天气站日数，从图中可以看出，2007 年 5 月扬沙天气站日数是近 8 年来最多的两年之一，与 2002 年 5 月扬沙天气站日数持平；5 月下旬扬沙天气站日数是近 8 年来同期最多的。可见，2007 年沙尘多发期结束晚。

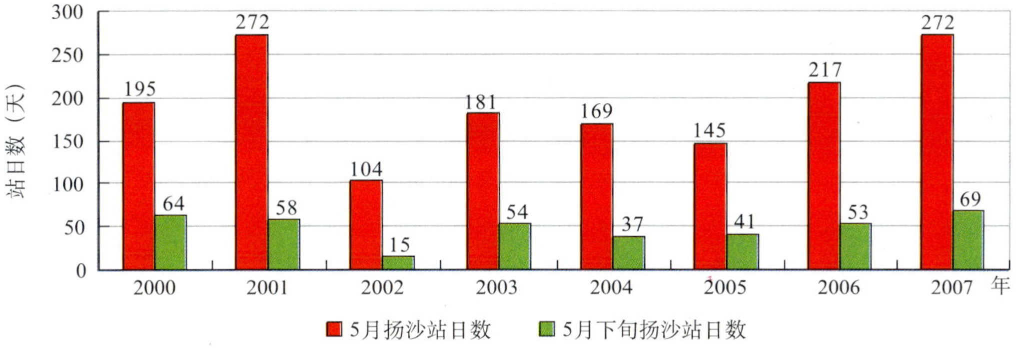

图1.11　2000－2007年全国5月和5月下旬扬沙天气站日数时间序列

(4) 影响较小

虽然2007年春季沙尘天气过程次数略多于近8年同期平均值，但2007年春季各类沙尘天气总的范围和频次却低于近8年同期平均值；加之沙尘天气过程的范围小，强度大多较弱，因此，与往年沙尘天气过程相比，影响较小，灾情较轻。

3月30－31日的强沙尘暴天气过程是2007年强度最强、影响范围较大的过程，沙尘天气尽管涉及10个省（区），其中内蒙古西部偏东地区和中部出现了沙尘暴和强沙尘暴天气，但与往年强沙尘暴天气过程相比，强度弱，影响小，没有出现明显灾情。

1.4　2007年北京沙尘天气主要特点

2007年北京共出现了5个沙尘天气日，比常年明显偏少；沙尘天气强度也偏弱，其中2日为浮尘天气，3日为扬沙，没有出现沙尘暴天气。

2007年北京沙尘天气日数明显偏少、强度偏弱的主要原因是：① 2007年春季，北方大部地区降水比常年明显偏多，土壤墒情较好，冬小麦、牧草、树木等植被的返青、发芽和生长状况良好，抑制了沙尘天气的发生。特别是3月3－4日北京地区普降中到大雨或雨夹雪，对植被返青非常有利。② 2007年春季，影响北京的冷空气势力较弱，大风天气较少，产生沙尘天气的动力条件不足。

2 2007年沙尘天气气候背景

2.1 2007年春季沙尘天气显著偏少的原因

(1) 赤道东太平洋发生了一次弱的厄尔尼诺事件

2006 年 8 月 – 2007 年 2 月，赤道东太平洋海温异常偏高，发生了一次弱的厄尔尼诺事件，这次弱的厄尔尼诺事件是造成 2006/2007 年东亚冬季风异常偏弱的原因之一。2006/2007 年冬季风指数为 0.71，是 1951 年以来冬季风指数最弱的一年（图 2.1），这表明该年冬春季东亚锋区偏弱，不利于春季沙尘天气频繁发生。

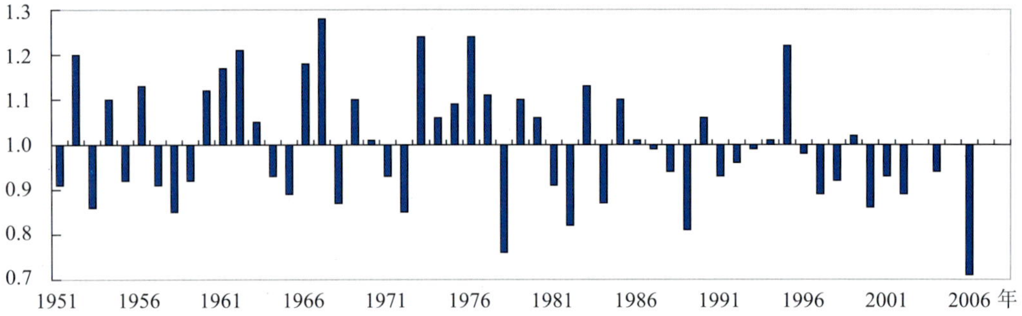

图2.1 1951 – 2006年冬季东亚季风指数时间序列

(2) 2006 年 6 月 – 2007 年 4 月，内蒙古中西部、西北东部地区降水偏多

2006 年夏季，西北地区东部至河套西部降水较常年同期偏多，秋季内蒙古西部和中南部降水也较常年同期偏多，地表植被长势好；2006/2007 年冬季内蒙古中西部和河套地区降水偏多状况继续维持，其中内蒙古中西部的降水距平较常年同期偏多达 3 倍以上（图 2.2a）；2007 年 3 – 4 月西北地区中东部以东的大部地区降水仍然较常年同期偏多（图 2.2b）。综上所述，可以看出，自 2006 年夏季以来，内蒙古中西部、西北东部等沙源地区降水较常年同期偏多，干旱不明显，地表植被长势较上年同期好，也是 2007 年春季沙尘天气偏少的原因之一。

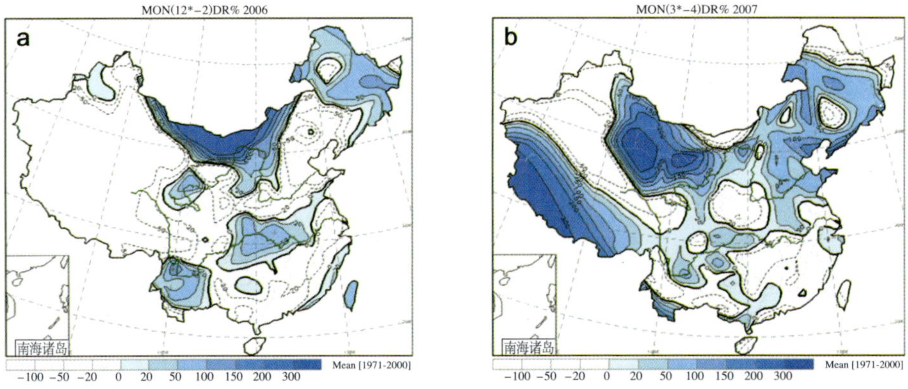

图2.2 2006/2007年冬季（a）和2007年3 – 4月（b）全国降水距平百分率分布（%）

(3) 大气环流前期纬向环流占优势，后期经向度加大

2007 年 3 月，极涡呈单极型且极涡中心偏于西半球，影响我国的冷空气弱；亚洲中高纬大气环流以纬向环流占优势（图 2.3），锋区偏弱，在距平图上亚洲中高纬地区对应正距平区，不利于冷空气南下影响到我国，沙尘形成的动力条件不足，再加上沙源地降水偏多，沙尘天气偏少。4 月（图 2.4），尽管中高纬环流的经向度加大，我国北方冷空气比较活跃，但路径偏东，所以北方沙尘天气也偏少。

进入 5 月，经向环流占优势的特点继续维持，东亚大槽偏强，在距平图上为负距平区；极涡呈偶极型，东半球的极涡位于亚洲西部且偏强，在距平图上对应 40gpm 的负距平中心（图 2.5）。从极涡中不断有分裂出的冷空气在东亚大槽后的西北气流引导下侵入我国，为沙尘天气过程的发生提供了有力的动力条件，所以 5 月沙尘天气比 4 月明显，且 5 月扬沙天气站日数和沙尘天气过程次数是近 8 年来同期最多的。

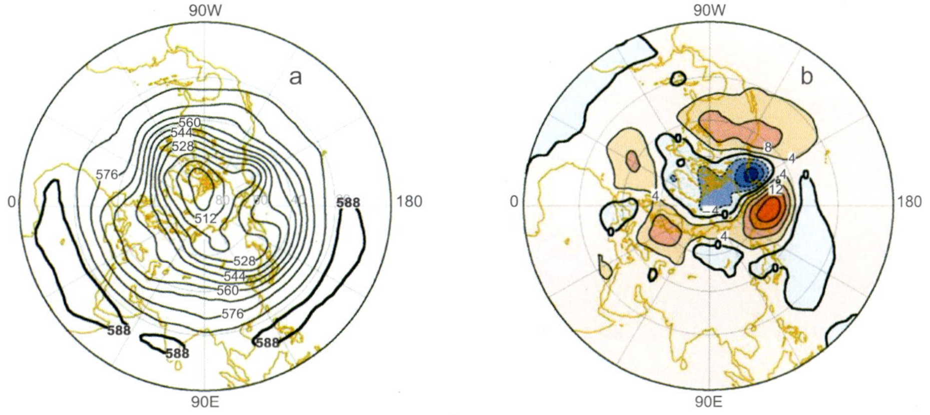

图2.3　2007年3月北半球500hPa高度场（a）和距平场（b）分布（10gpm）

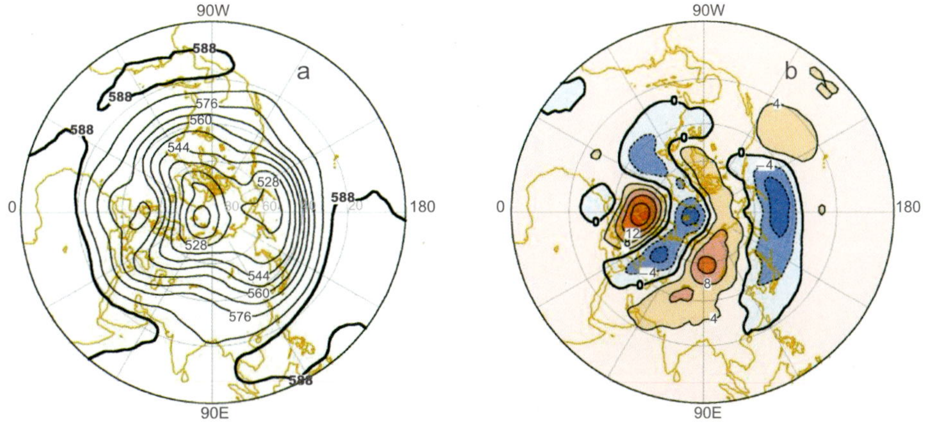

图2.4　2007年4月北半球500hPa高度场（a）和距平场（b）分布（10gpm）

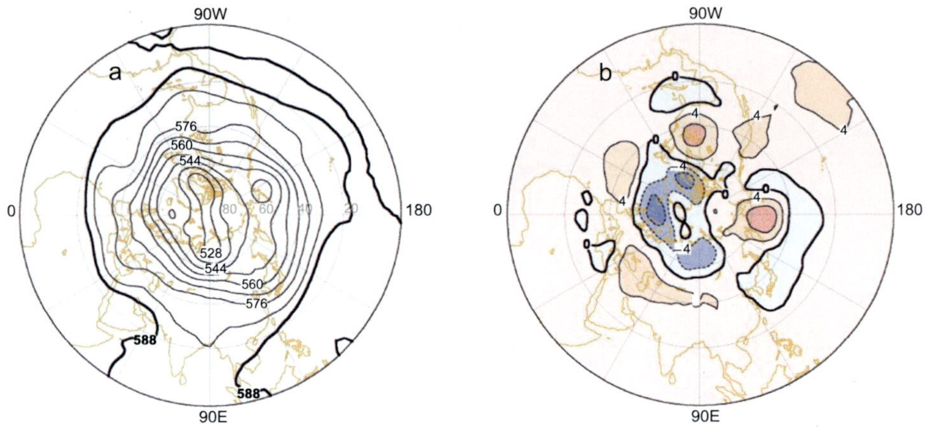

图2.5　2007年5月北半球500hPa高度场（a）和距平场（b）分布（10gpm）

2.2　沙尘天气发生的年代际变化及其与地理环境条件的关系

1954 年以来我国春季沙尘天气过程数演变序列（图 2.6）显示，1950 年代末至 1970 年代初期为沙尘天气过程偏多时期，1970 年代中期至 1980 年代初沙尘天气过程较常年同期偏少，1980 年代初至 1990 年代初又进入沙尘过程数偏多阶段，但 1990 年代中后期至今，沙尘过程数较常年同期显著偏少，且波动比较明显。

我国沙尘天气多发区与沙漠的分布紧密相连，分别位于新疆北部的准噶尔盆地、南部的塔里木盆地、甘肃河西地区以及内蒙古西部的巴丹吉林沙漠、中部的毛乌素沙地和东部的浑善达克沙地。不同类型沙尘天气的空间分布范围不尽相同，其中沙尘暴主要发生在与北方沙漠及沙漠化土地相联系的极干旱、干旱和半干旱区内；扬沙和浮尘天气除了在沙尘暴发生区的绝大部分地区出现外，还向其他邻近地区扩展，如扬沙向东北地区和东南的华北平原及以南地区扩展；而浮尘天气则主要向东南方向扩展，涉及华北平原和长江中下游地区。

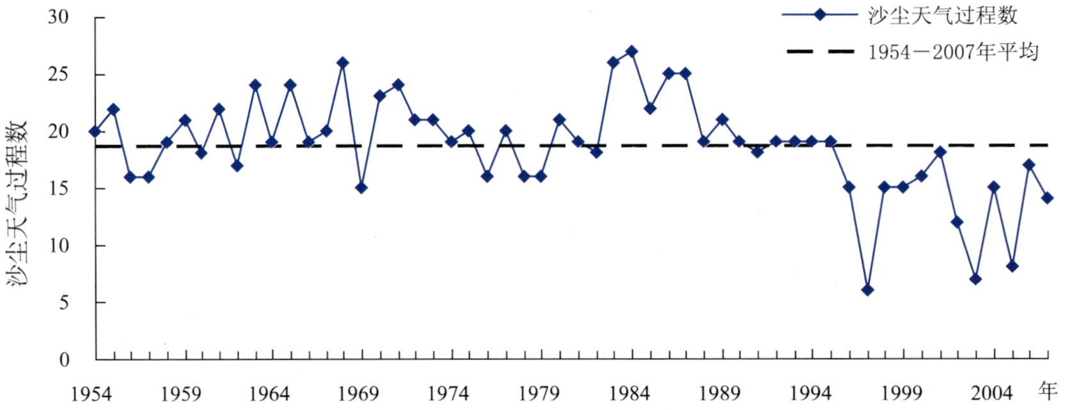

图2.6　1954－2007年春季全国沙尘天气过程数演变序列

3 2007年沙尘天气过程纪要表

编号	起止时间	过程类型	主要影响系统	扬沙和沙尘暴主要影响范围	风力
200701	1月25－26日	扬沙	冷锋	内蒙古西部、青海中部、甘肃西部、宁夏东部、陕西西北部的部分地区出现了扬沙，局部地区出现了沙尘暴或强沙尘暴。	4～6级，局部地区7级
200702	2月4日	扬沙	气旋	辽宁西部的部分地区出现了扬沙。	5～6级，局部地区7级
200703	2月27－28日	扬沙	气旋	南疆盆地、内蒙古西部、宁夏东北部、陕西西北部的部分地区以及甘肃河西地区的局部地区出现了扬沙。其中南疆盆地和内蒙古西部的局部地区出现了沙尘暴或强沙尘暴。	4～6级，局部地区7级
200704	3月24日	扬沙	蒙古气旋冷锋	内蒙古东南部、吉林西部等地的部分地区出现了扬沙。其中吉林西部的局部地区出现了沙尘暴。	5～6级，局部地区7级
200705	3月27－28日	沙尘暴	冷锋	内蒙古西部、甘肃河西地区和东部、宁夏大部、陕西北部、山西西南部等地的部分地区出现了扬沙。其中内蒙古西部的部分地区以及甘肃河西地区、宁夏东部、陕西西北部的局部地区出现了沙尘暴或强沙尘暴。	4～6级，部分地区7级
200706	3月30－31日	强沙尘暴	蒙古气旋冷锋	南疆盆地、内蒙古中西部和东南部、宁夏东部和南部、陕西北部、山西北部、河北西北部、辽宁西部、吉林中部等地出现了扬沙。其中内蒙古中西部的部分地区出现了沙尘暴或强沙尘暴。	4～6级，部分地区7～8级
200707	3月31日－4月3日	沙尘暴	冷锋	新疆北部和南疆盆地南部、青海西北部、甘肃河西西部、内蒙古西部等地的部分地区出现了扬沙，局部地区出现了沙尘暴或强沙尘暴。	4～6级，局部地区7级

续表

编　号	起止时间	过程类型	主要影响系统	扬沙和沙尘暴主要影响范围	风　力
200708	4月 13－15日	沙尘暴	冷锋 气旋	内蒙古西部、甘肃河西中部、宁夏大部、青海中部和东南部等地的部分地区出现了扬沙。其中内蒙古西部的部分地区以及甘肃河西中部、青海中部等地的局部地区出现了沙尘暴或强沙尘暴。	4～6级，部分地区7～8级
200709	4月16日	扬沙	冷锋	南疆盆地、青海中部等地的部分地区出现了扬沙，局部地区出现了沙尘暴或强沙尘暴。	4～6级，局部地区7级
200710	4月 19－20日	沙尘暴	蒙古气旋 冷锋	南疆盆地、内蒙古中西部、甘肃河西东部和陇中、宁夏东部、陕西北部、山西中部、河北西北部、吉林西部的部分地区出现了扬沙。其中内蒙古中部的部分地区以及南疆盆地的局部地区出现了沙尘暴。	4～6级，局部地区7级
200711	4月 21－23日	沙尘暴	冷锋 暖锋 气旋	南疆盆地、青海西北部、内蒙古西部、甘肃陇中等地的部分地区出现了扬沙。其中，南疆盆地、内蒙古西部的部分地区及青海西北部的局部地区出现了沙尘暴或强沙尘暴。	4～6级，局部地区7～8级
200712	5月 1－2日	扬沙	冷锋	南疆盆地、内蒙古西部、甘肃河西东部、宁夏、陕西西北部等地的部分地区出现了扬沙。其中南疆盆地、甘肃河西东部等地的局部地区出现了沙尘暴。	4～6级，局部地区7级
200713	5月7日	扬沙	冷锋	内蒙古东南部、辽宁中西部的部分地区以及内蒙古中部、山西北部、河北西部等地的局部地区出现了扬沙。	4～6级

续表

编　号	起止时间	过程类型	主要影响系统	扬沙和沙尘暴主要影响范围	风　力
200714	5月 8－11日	沙尘暴	冷锋 暖锋	南疆盆地、青海中北部、甘肃河西地区、内蒙古中西部、宁夏北部和东部、陕西西北部、山西北部、河北西北部等地的部分地区出现了扬沙。其中南疆盆地、青海中部、内蒙古中西部的部分地区以及甘肃河西地区、宁夏东部的局部地区出现了沙尘暴或强沙尘暴。	4～6级，部分地区7级
200715	5月15日	扬沙	冷锋 气旋	内蒙古中西部、宁夏北部和东部、陕西北部、山西西部等地的部分地区出现了扬沙。其中内蒙古中西部、陕西西北部等地的局部地区出现了沙尘暴或强沙尘暴。	4～6级，局部地区7级
200716	5月 19－21日	沙尘暴	冷锋	南疆盆地、青海西北部、内蒙古中西部、甘肃河西西部、宁夏北部、山西中北部、吉林西部的部分地区出现了扬沙。其中南疆盆地的部分地区以及内蒙古西部的局部地区出现了沙尘暴或强沙尘暴。	4～6级，局部地区7级
200717	5月 22－24日	沙尘暴	蒙古气旋 冷锋	南疆盆地、青海中部、内蒙古中西部、甘肃河西地区、宁夏北部和东部、陕西北部、山西东北部、河北西北部的部分地区出现了扬沙。其中南疆盆地、甘肃河西偏北地区、内蒙古西部的部分地区以及陕西西北部的局部地区出现了沙尘暴或强沙尘暴。	4～6级，局部地区 7～8级
200718	12月 27－29日	扬沙	冷锋	内蒙古中西部、甘肃河西偏北地区、宁夏等地的部分地区出现了扬沙。其中内蒙古中西部偏北地区的部分地区以及甘肃河西东部的局部地区出现了沙尘暴或强沙尘暴。	4～6级，部分地区7级

4 2007年1—12月沙尘天气日数分布图

沙尘暴天气出现日数
2007年1月
乌鲁木齐
哈尔滨
长春
沈阳
呼和浩特
北京
天津
石家庄
银川
太原
西宁
济南
兰州
郑州
西安
合肥
南京
上海
拉萨
成都
武汉
杭州
重庆
长沙
南昌
福州
台北
贵阳
昆明
广州
南宁
澳门
香港
海口
南海诸岛
图例（单位：天）
≥1

强沙尘暴天气出现日数
2007年1月
乌鲁木齐
哈尔滨
长春
沈阳
呼和浩特
北京
天津
石家庄
银川
太原
西宁
济南
兰州
郑州
西安
合肥
南京
上海
拉萨
成都
武汉
杭州
重庆
长沙
南昌
福州
台北
贵阳
昆明
广州
南宁
澳门
香港
海口
南海诸岛
图例（单位：天）
≥1

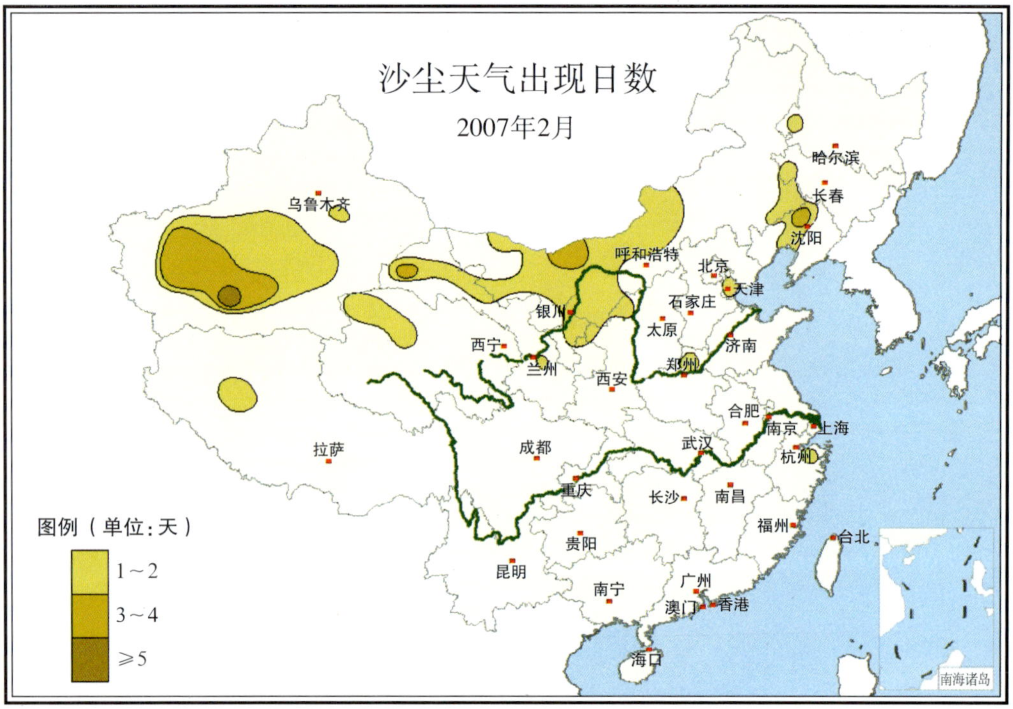
沙尘天气出现日数
2007年2月
图例（单位：天）
1～2
3～4
≥5
乌鲁木齐
哈尔滨
长春
沈阳
呼和浩特
北京
天津
石家庄
银川
太原
西宁
兰州
西安
郑州
济南
合肥
南京
上海
拉萨
成都
武汉
杭州
重庆
长沙
南昌
福州
台北
贵阳
昆明
南宁
广州
澳门
香港
海口
南海诸岛

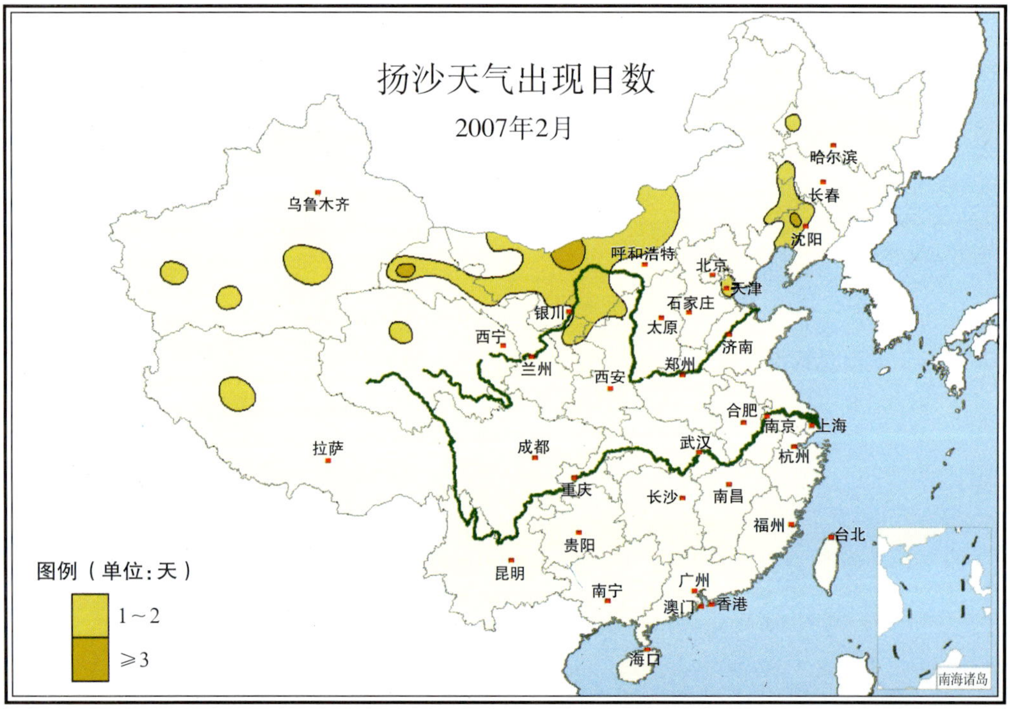
扬沙天气出现日数
2007年2月
图例（单位：天）
1～2
≥3
乌鲁木齐
哈尔滨
长春
沈阳
呼和浩特
北京
天津
石家庄
银川
太原
西宁
兰州
西安
郑州
济南
合肥
南京
上海
拉萨
成都
武汉
杭州
重庆
长沙
南昌
福州
台北
贵阳
昆明
南宁
广州
澳门
香港
海口
南海诸岛

沙尘暴天气出现日数
2007年2月
乌鲁木齐
哈尔滨
长春
沈阳
呼和浩特
北京
天津
石家庄
银川
太原
济南
西宁
兰州
郑州
西安
合肥
南京
上海
拉萨
成都
武汉
杭州
重庆
长沙
南昌
福州
台北
贵阳
昆明
南宁
广州
澳门
香港
海口
南海诸岛
图例（单位：天）
≥1

强沙尘暴天气出现日数
2007年2月
乌鲁木齐
哈尔滨
长春
沈阳
呼和浩特
北京
天津
石家庄
银川
太原
济南
西宁
兰州
郑州
西安
合肥
南京
上海
拉萨
成都
武汉
杭州
重庆
长沙
南昌
福州
台北
贵阳
昆明
南宁
广州
澳门
香港
海口
南海诸岛
图例（单位：天）
≥1

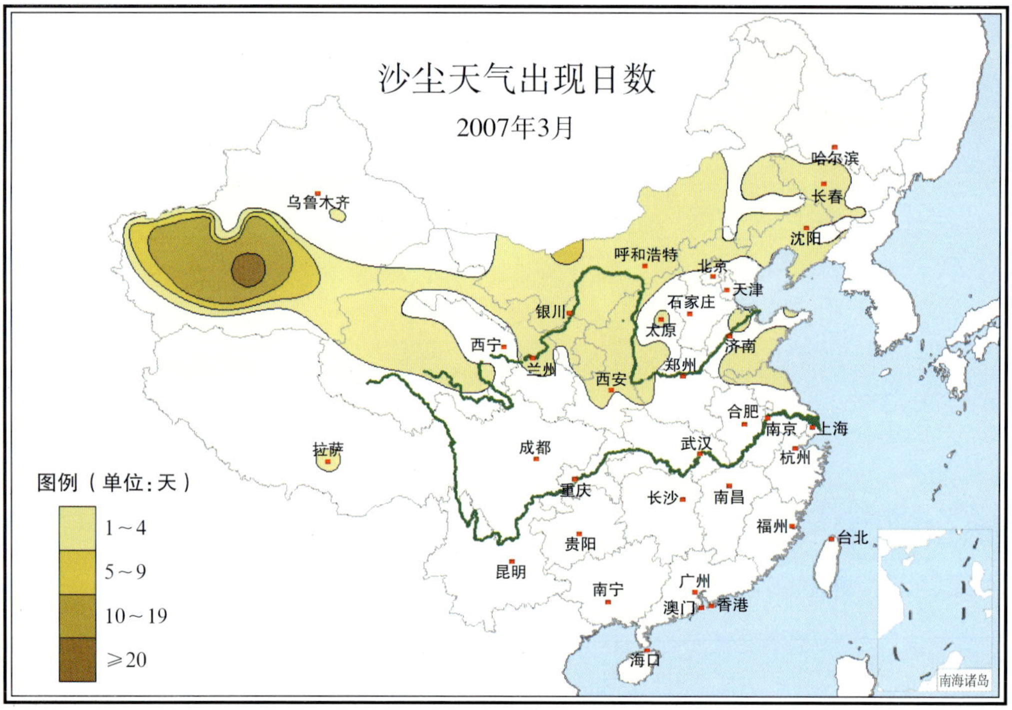
沙尘天气出现日数
2007年3月
乌鲁木齐
哈尔滨
长春
沈阳
呼和浩特
北京
天津
石家庄
太原
济南
银川
西宁
兰州
西安
郑州
合肥
南京
上海
武汉
杭州
拉萨
成都
重庆
长沙
南昌
福州
台北
贵阳
昆明
南宁
广州
澳门
香港
海口
南海诸岛
图例（单位：天）
1～4
5～9
10～19
≥20

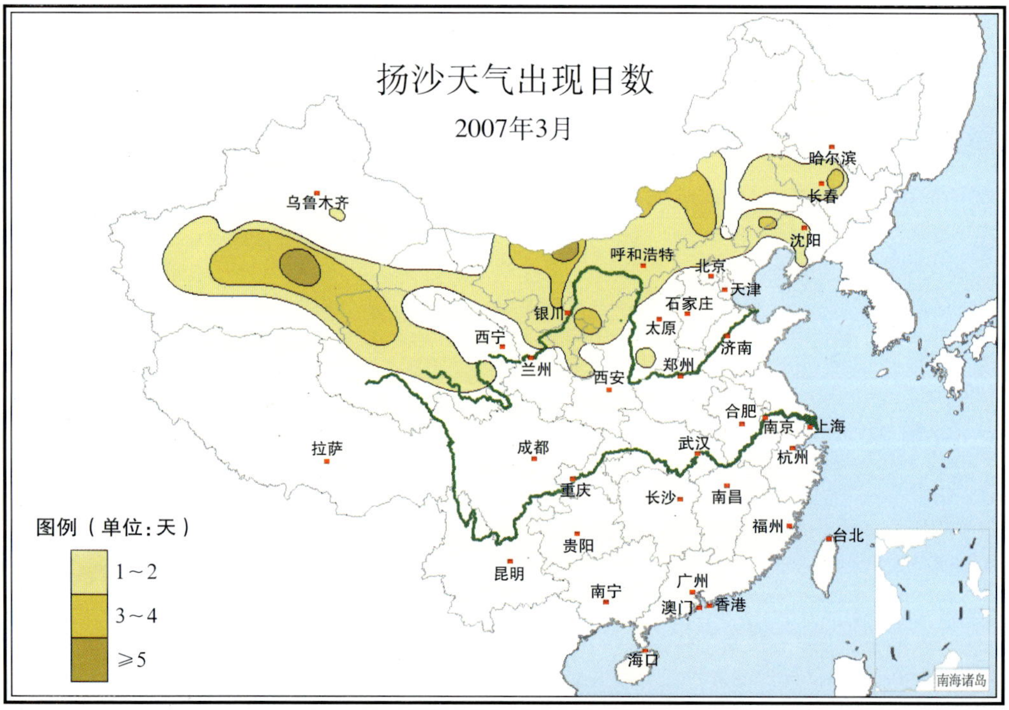
扬沙天气出现日数
2007年3月
乌鲁木齐
哈尔滨
长春
沈阳
呼和浩特
北京
天津
石家庄
太原
济南
银川
西宁
兰州
西安
郑州
合肥
南京
上海
武汉
杭州
拉萨
成都
重庆
长沙
南昌
福州
台北
贵阳
昆明
南宁
广州
澳门
香港
海口
南海诸岛
图例（单位：天）
1～2
3～4
≥5

沙尘暴天气出现日数
2007年3月
哈尔滨
长春
乌鲁木齐
沈阳
呼和浩特
北京
天津
石家庄
银川
太原
济南
西宁
兰州
郑州
西安
合肥
南京
上海
拉萨
成都
武汉
杭州
重庆
长沙
南昌
福州
台北
贵阳
昆明
南宁
广州
澳门
香港
海口
南海诸岛
图例（单位:天）
1～2
≥3

强沙尘暴天气出现日数
2007年3月
哈尔滨
长春
乌鲁木齐
沈阳
呼和浩特
北京
天津
石家庄
银川
太原
西宁
济南
兰州
郑州
西安
合肥
南京
上海
拉萨
成都
武汉
杭州
重庆
长沙
南昌
福州
台北
贵阳
昆明
广州
南宁
澳门
香港
海口
南海诸岛
图例（单位:天）
≥1

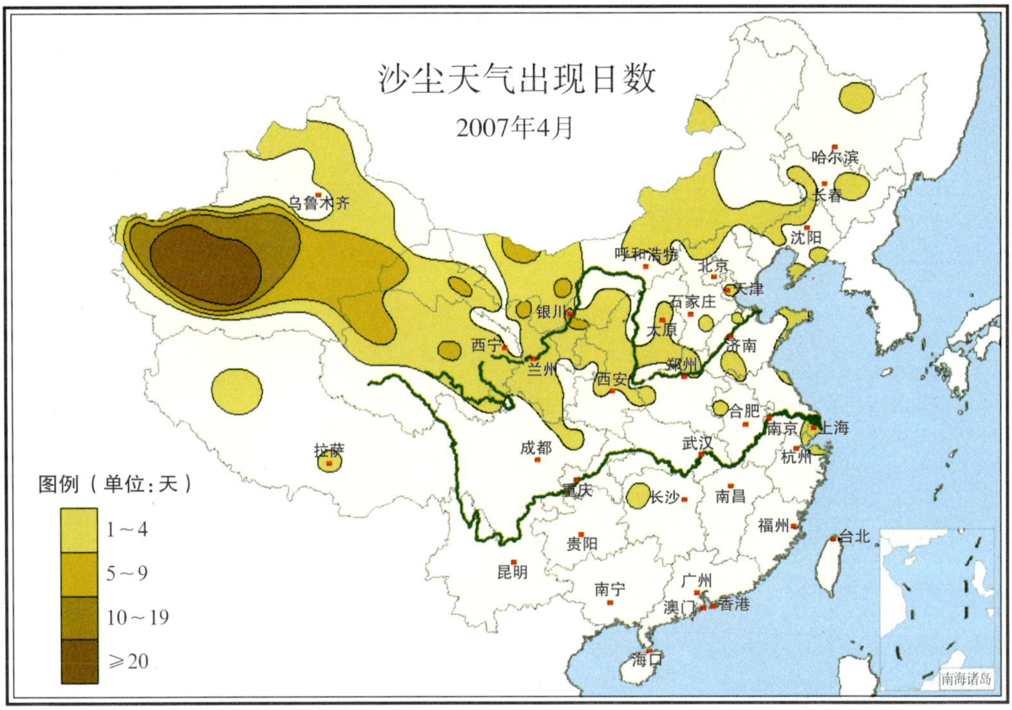
沙尘天气出现日数
2007年4月
图例（单位:天）
1～4
5～9
10～19
≥20
乌鲁木齐
哈尔滨
长春
沈阳
呼和浩特
北京
天津
石家庄
银川
太原
济南
西宁
兰州
郑州
西安
合肥
南京
上海
杭州
拉萨
成都
武汉
重庆
长沙
南昌
福州
台北
贵阳
昆明
南宁
广州
澳门
香港
海口
南海诸岛

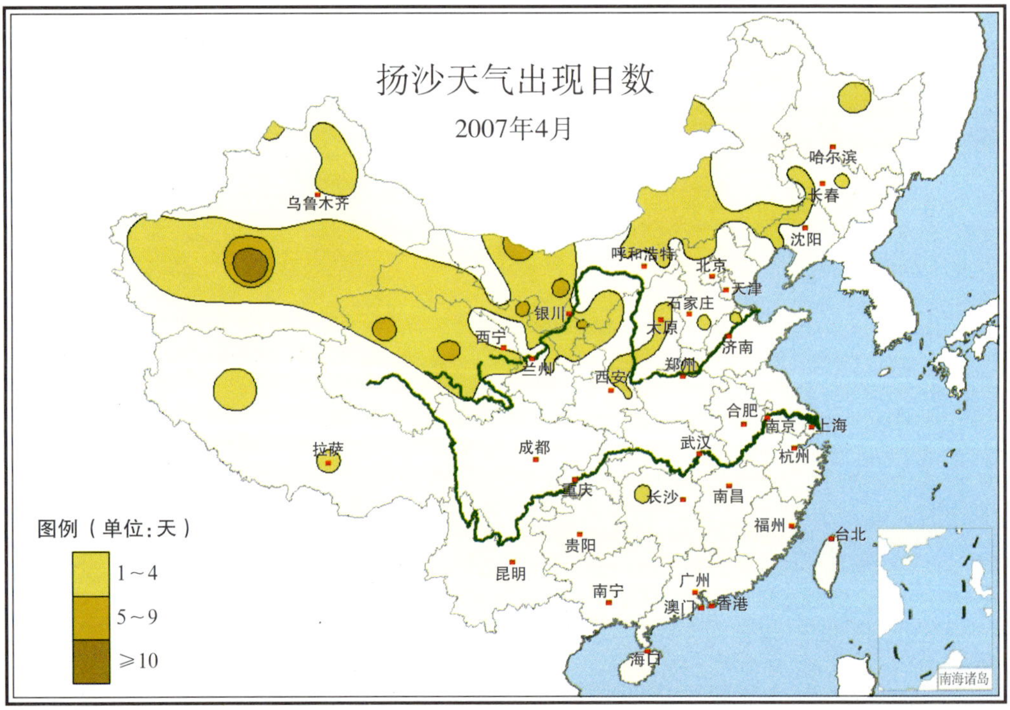
扬沙天气出现日数
2007年4月
图例（单位:天）
1～4
5～9
≥10
乌鲁木齐
哈尔滨
长春
沈阳
呼和浩特
北京
天津
石家庄
银川
太原
济南
西宁
兰州
郑州
西安
合肥
南京
上海
杭州
拉萨
成都
武汉
重庆
长沙
南昌
福州
台北
贵阳
昆明
南宁
广州
澳门
香港
海口
南海诸岛

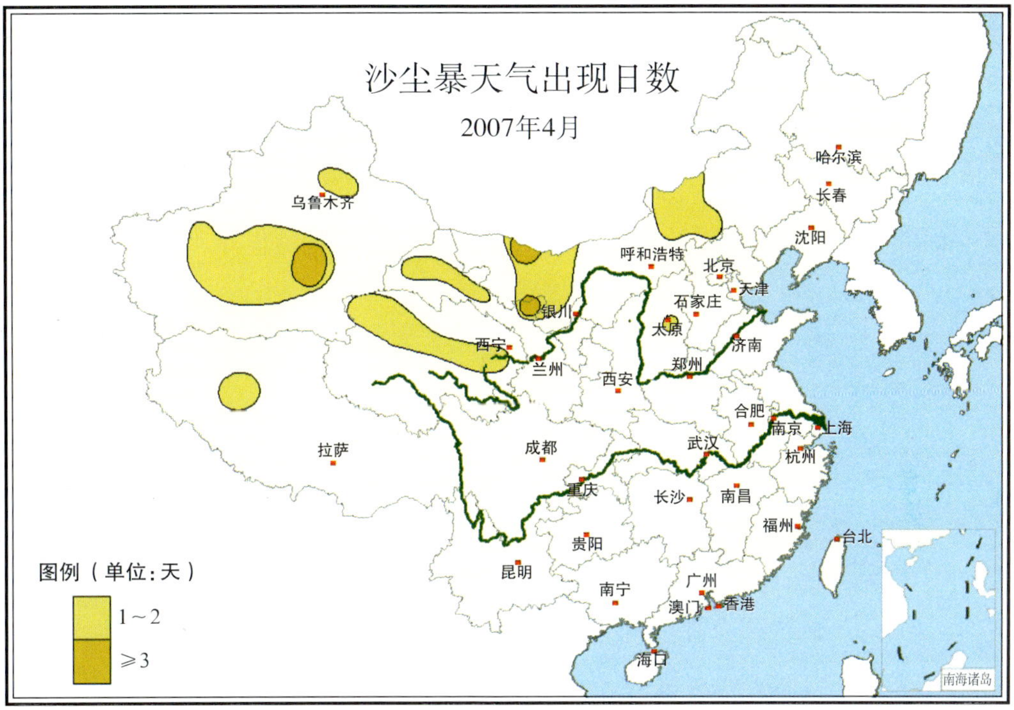
沙尘暴天气出现日数
2007年4月
乌鲁木齐
哈尔滨
长春
沈阳
呼和浩特
北京
天津
石家庄
太原
银川
西宁
兰州
西安
郑州
济南
合肥
南京
上海
杭州
武汉
成都
拉萨
重庆
长沙
南昌
福州
台北
贵阳
昆明
南宁
广州
澳门
香港
海口
南海诸岛
图例（单位：天）
1～2
≥3

强沙尘暴天气出现日数
2007年4月
乌鲁木齐
哈尔滨
长春
沈阳
呼和浩特
北京
天津
石家庄
太原
银川
西宁
兰州
西安
郑州
济南
合肥
南京
上海
杭州
武汉
成都
拉萨
重庆
长沙
南昌
福州
台北
贵阳
昆明
南宁
广州
澳门
香港
海口
南海诸岛
图例（单位：天）
≥1

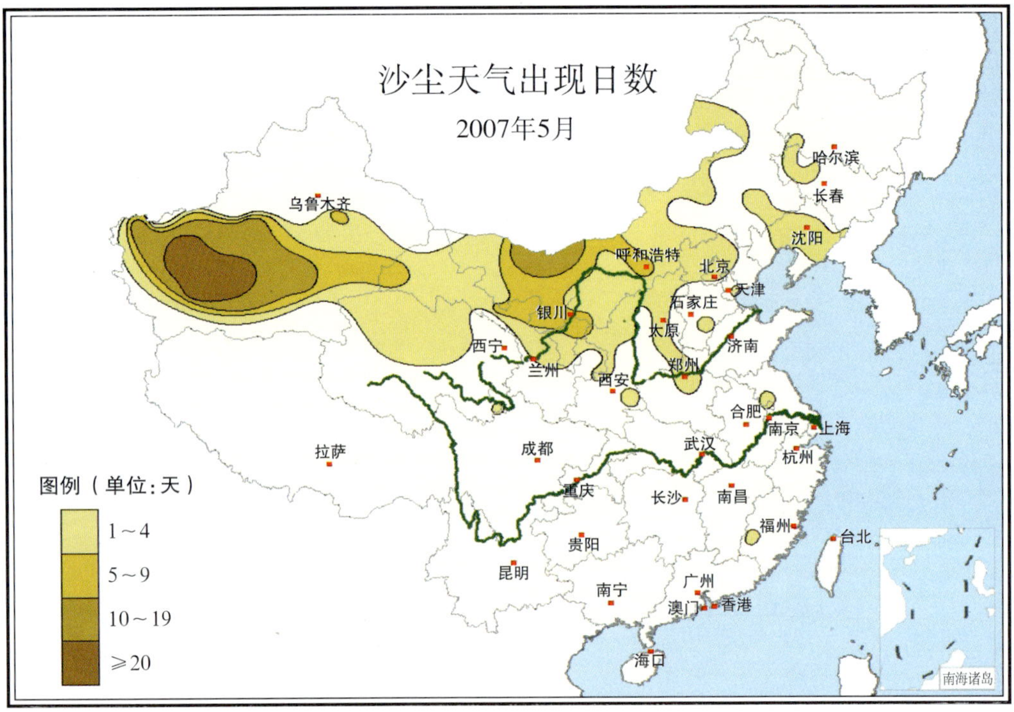
沙尘天气出现日数
2007年5月
图例（单位:天）
1～4
5～9
10～19
≥20
乌鲁木齐
哈尔滨
长春
沈阳
呼和浩特
北京
天津
石家庄
银川
太原
济南
西宁
兰州
郑州
西安
合肥
南京
上海
拉萨
成都
武汉
杭州
重庆
长沙
南昌
福州
台北
贵阳
昆明
南宁
广州
澳门
香港
海口
南海诸岛

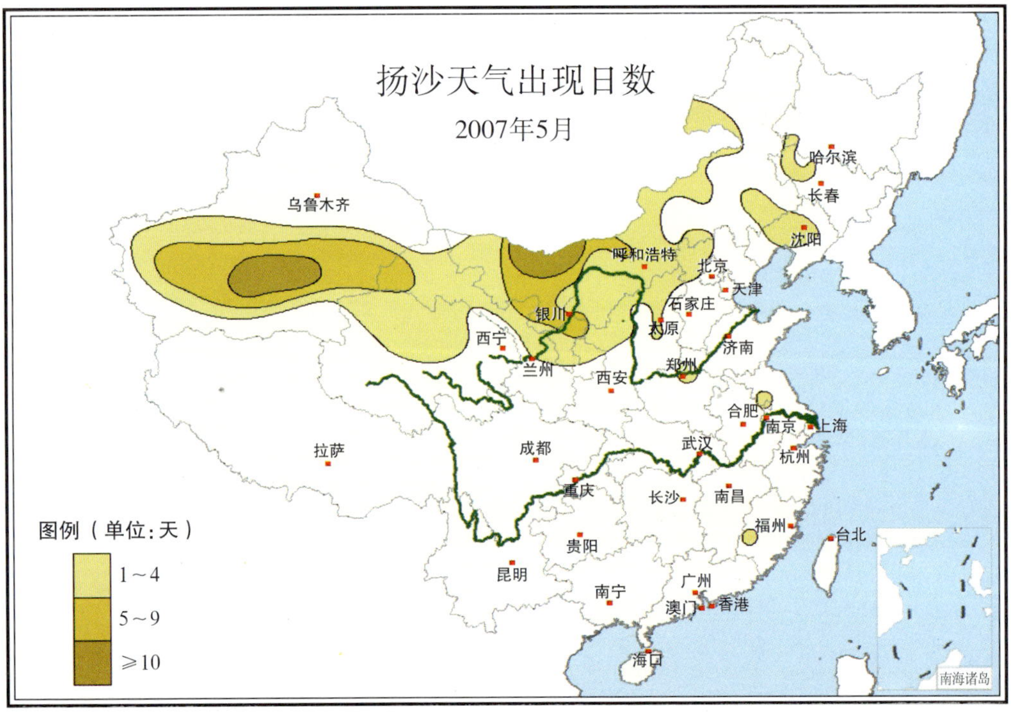
扬沙天气出现日数
2007年5月
图例（单位:天）
1～4
5～9
≥10
乌鲁木齐
哈尔滨
长春
沈阳
呼和浩特
北京
天津
石家庄
银川
太原
济南
西宁
兰州
郑州
西安
合肥
南京
上海
拉萨
成都
武汉
杭州
重庆
长沙
南昌
福州
台北
贵阳
昆明
南宁
广州
澳门
香港
海口
南海诸岛

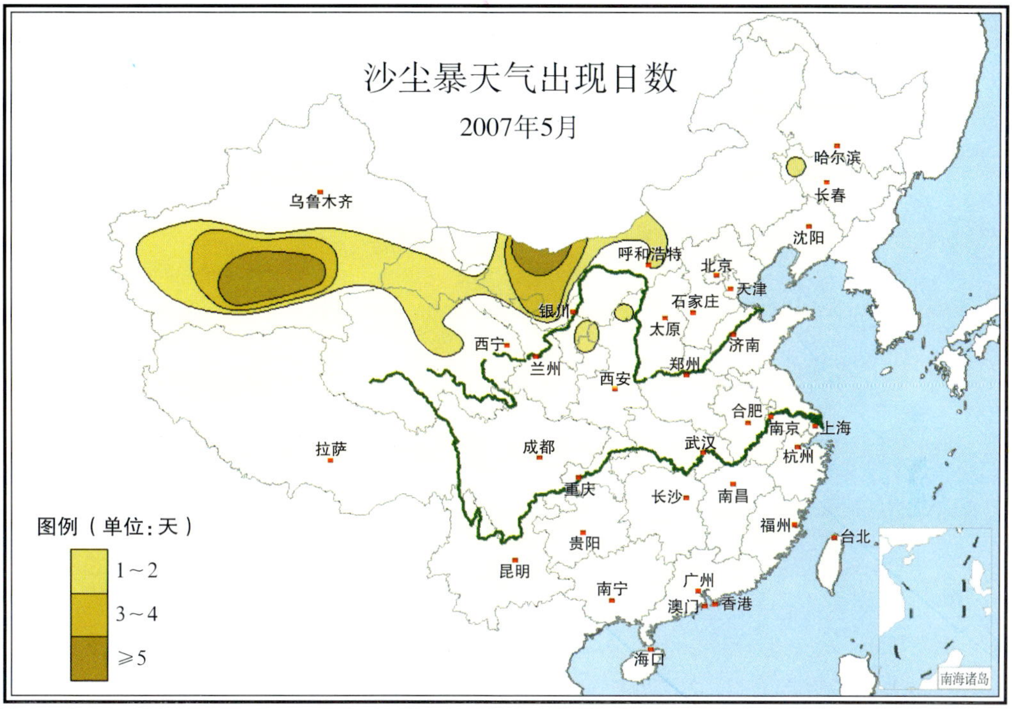
沙尘暴天气出现日数
2007年5月
乌鲁木齐
哈尔滨
长春
沈阳
呼和浩特
北京
天津
石家庄
银川
太原
济南
西宁
兰州
西安
郑州
合肥
南京
上海
拉萨
成都
武汉
杭州
重庆
长沙
南昌
福州
台北
贵阳
昆明
南宁
广州
澳门
香港
海口
南海诸岛
图例（单位：天）
1～2
3～4
≥5

强沙尘暴天气出现日数
2007年5月
乌鲁木齐
哈尔滨
长春
沈阳
呼和浩特
北京
天津
石家庄
银川
太原
济南
西宁
兰州
西安
郑州
合肥
南京
上海
拉萨
成都
武汉
杭州
重庆
长沙
南昌
福州
台北
贵阳
昆明
南宁
广州
澳门
香港
海口
南海诸岛
图例（单位：天）
1～2
≥3

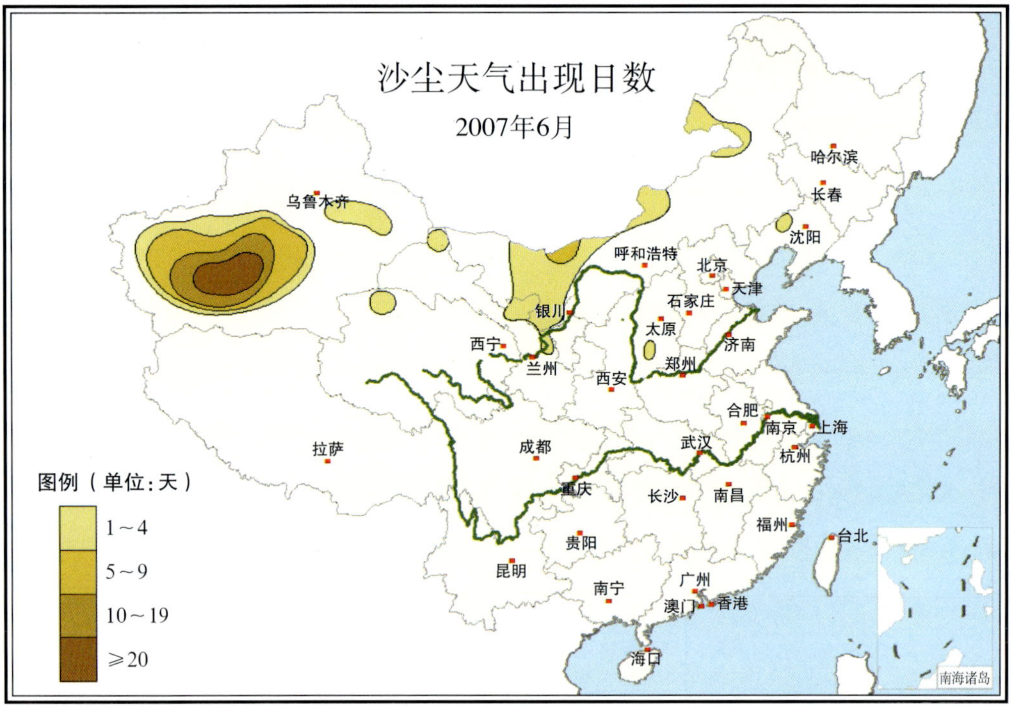
沙尘天气出现日数
2007年6月
乌鲁木齐
哈尔滨
长春
沈阳
呼和浩特
北京
天津
石家庄
银川
太原
济南
西宁
兰州
郑州
西安
合肥
南京
上海
拉萨
成都
武汉
杭州
重庆
长沙
南昌
福州
台北
贵阳
昆明
南宁
广州
澳门
香港
海口
南海诸岛
图例（单位:天）
1～4
5～9
10～19
≥20

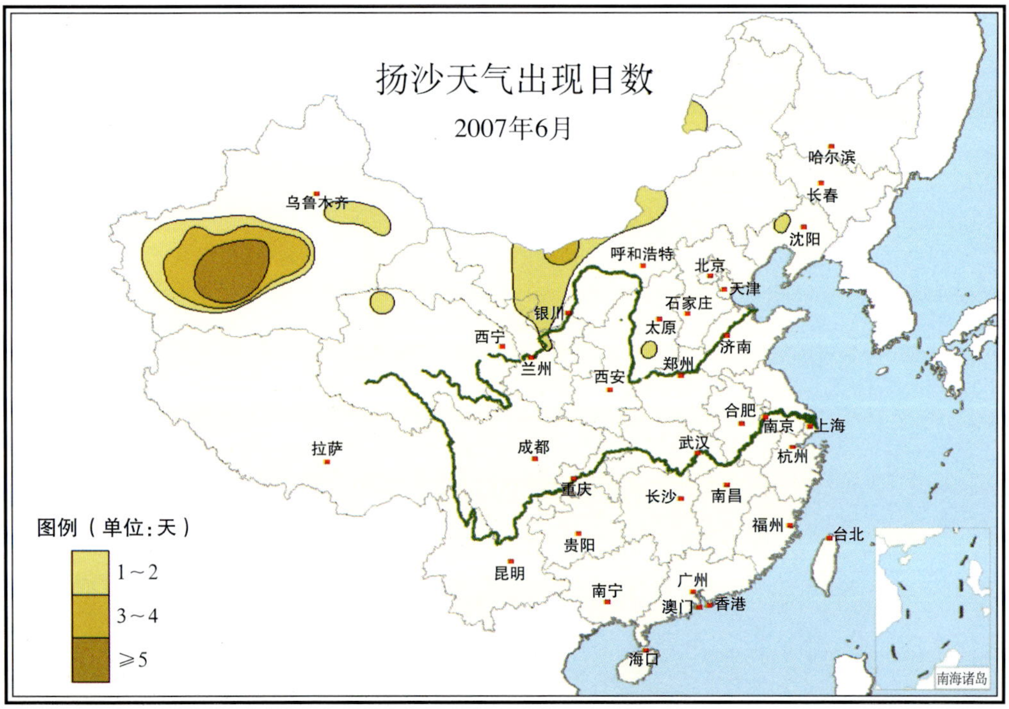
扬沙天气出现日数
2007年6月
乌鲁木齐
哈尔滨
长春
沈阳
呼和浩特
北京
天津
石家庄
银川
太原
济南
西宁
兰州
郑州
西安
合肥
南京
上海
拉萨
成都
武汉
杭州
重庆
长沙
南昌
福州
台北
贵阳
昆明
南宁
广州
澳门
香港
海口
南海诸岛
图例（单位:天）
1～2
3～4
≥5

沙尘暴天气出现日数
2007年6月
乌鲁木齐
哈尔滨
长春
沈阳
呼和浩特
北京
天津
石家庄
太原
银川
西宁
兰州
西安
郑州
济南
合肥
南京
上海
杭州
武汉
成都
拉萨
重庆
长沙
南昌
福州
台北
贵阳
昆明
南宁
广州
澳门
香港
海口
南海诸岛
图例（单位：天）
1～2
≥3

强沙尘暴天气出现日数
2007年6月
乌鲁木齐
哈尔滨
长春
沈阳
呼和浩特
北京
天津
石家庄
太原
银川
西宁
兰州
西安
郑州
济南
合肥
南京
上海
杭州
武汉
成都
拉萨
重庆
长沙
南昌
福州
台北
贵阳
昆明
南宁
广州
澳门
香港
海口
南海诸岛
图例（单位：天）
≥1

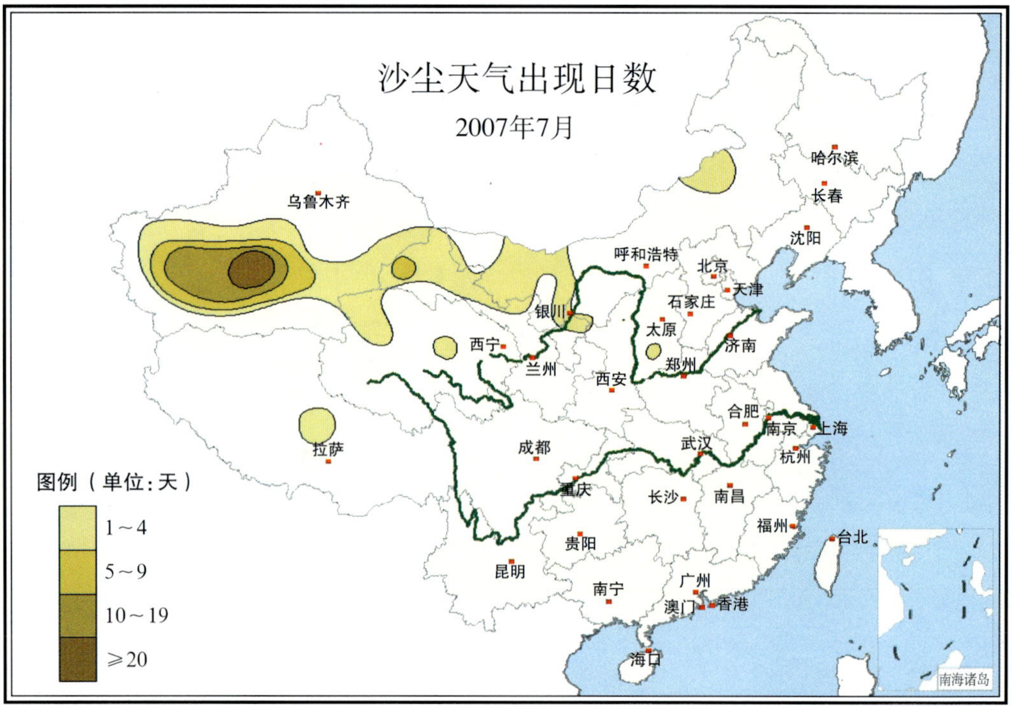
沙尘天气出现日数
2007年7月
乌鲁木齐
哈尔滨
长春
沈阳
呼和浩特
北京
天津
石家庄
银川
太原
济南
西宁
兰州
郑州
西安
合肥
南京
上海
拉萨
成都
武汉
杭州
重庆
长沙
南昌
福州
台北
贵阳
昆明
南宁
广州
澳门
香港
海口
南海诸岛
图例（单位：天）
1～4
5～9
10～19
≥20

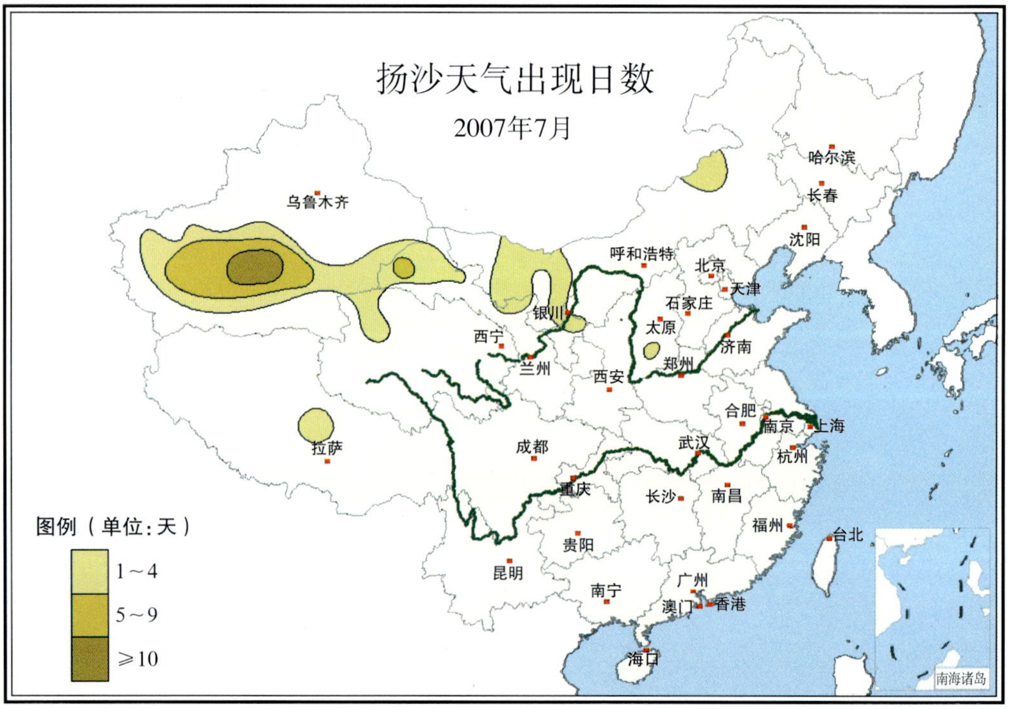
扬沙天气出现日数
2007年7月
乌鲁木齐
哈尔滨
长春
沈阳
呼和浩特
北京
天津
石家庄
银川
太原
济南
西宁
兰州
郑州
西安
合肥
南京
上海
拉萨
成都
武汉
杭州
重庆
长沙
南昌
福州
台北
贵阳
昆明
南宁
广州
澳门
香港
海口
南海诸岛
图例（单位：天）
1～4
5～9
≥10

沙尘暴天气出现日数
2007年7月
哈尔滨
长春
乌鲁木齐
沈阳
呼和浩特
北京
天津
石家庄
银川
太原
西宁
济南
兰州
郑州
西安
合肥
南京
上海
拉萨
成都
武汉
杭州
重庆
长沙
南昌
福州
台北
贵阳
图例（单位:天）
昆明
广州
南宁
1～2
澳门
香港
≥3
海口
南海诸岛

强沙尘暴天气出现日数
2007年7月
哈尔滨
长春
乌鲁木齐
沈阳
呼和浩特
北京
天津
石家庄
银川
太原
西宁
济南
兰州
郑州
西安
合肥
南京
上海
拉萨
成都
武汉
杭州
重庆
长沙
南昌
福州
台北
贵阳
昆明
广州
南宁
澳门
香港
图例（单位:天）
≥1
海口
南海诸岛

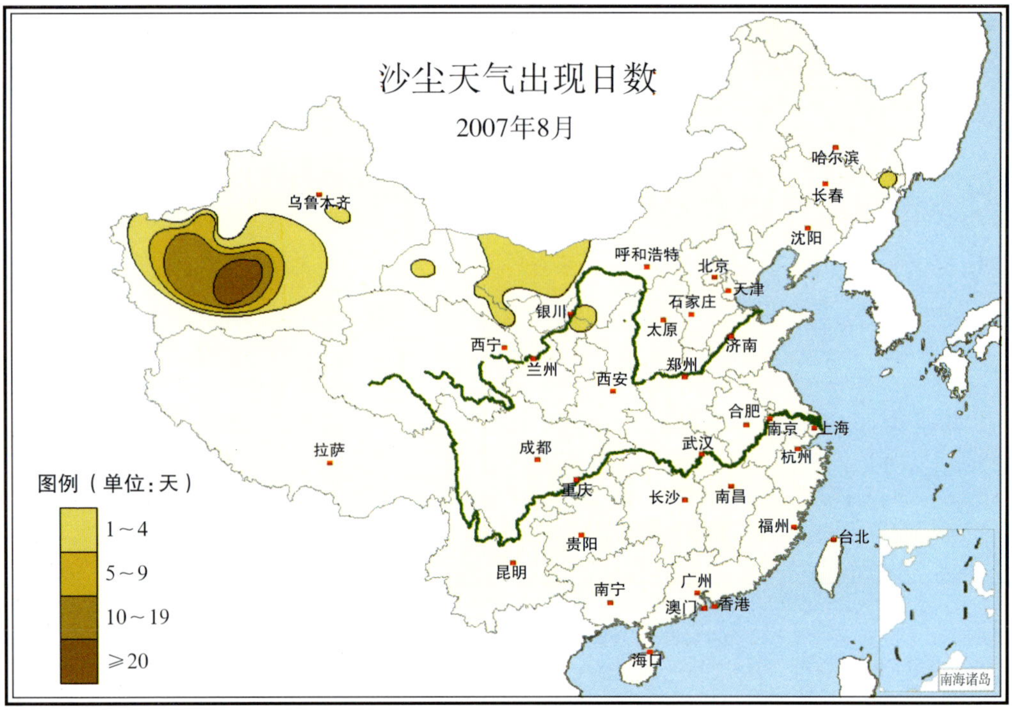
沙尘天气出现日数
2007年8月
图例（单位：天）
1～4
5～9
10～19
≥20
乌鲁木齐
哈尔滨
长春
沈阳
呼和浩特
北京
天津
石家庄
银川
太原
西宁
兰州
济南
郑州
西安
合肥
南京
上海
武汉
杭州
拉萨
成都
重庆
长沙
南昌
福州
台北
贵阳
昆明
南宁
广州
澳门
香港
海口
南海诸岛

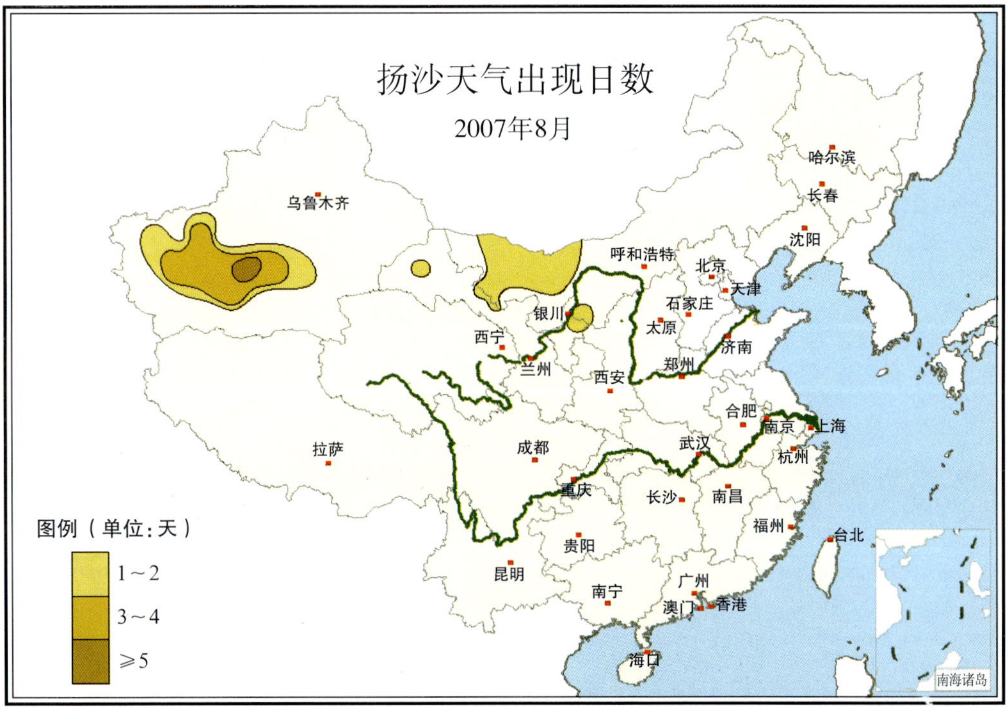
扬沙天气出现日数
2007年8月
图例（单位：天）
1～2
3～4
≥5
乌鲁木齐
哈尔滨
长春
沈阳
呼和浩特
北京
天津
石家庄
银川
太原
西宁
兰州
济南
郑州
西安
合肥
南京
上海
武汉
杭州
拉萨
成都
重庆
长沙
南昌
福州
台北
贵阳
昆明
南宁
广州
澳门
香港
海口
南海诸岛

沙尘暴天气出现日数
2007年8月
乌鲁木齐
哈尔滨
长春
沈阳
呼和浩特
北京
天津
石家庄
银川
太原
西宁
兰州
济南
郑州
西安
合肥
南京
上海
拉萨
成都
武汉
杭州
重庆
长沙
南昌
福州
台北
贵阳
昆明
南宁
广州
澳门
香港
海口
南海诸岛
图例（单位：天）
≥1

强沙尘暴天气出现日数
2007年8月
乌鲁木齐
哈尔滨
长春
沈阳
呼和浩特
北京
天津
石家庄
银川
无强沙尘暴
济南
郑州
西安
合肥
南京
上海
拉萨
成都
武汉
杭州
重庆
长沙
南昌
福州
台北
贵阳
昆明
南宁
广州
澳门
香港
海口
南海诸岛

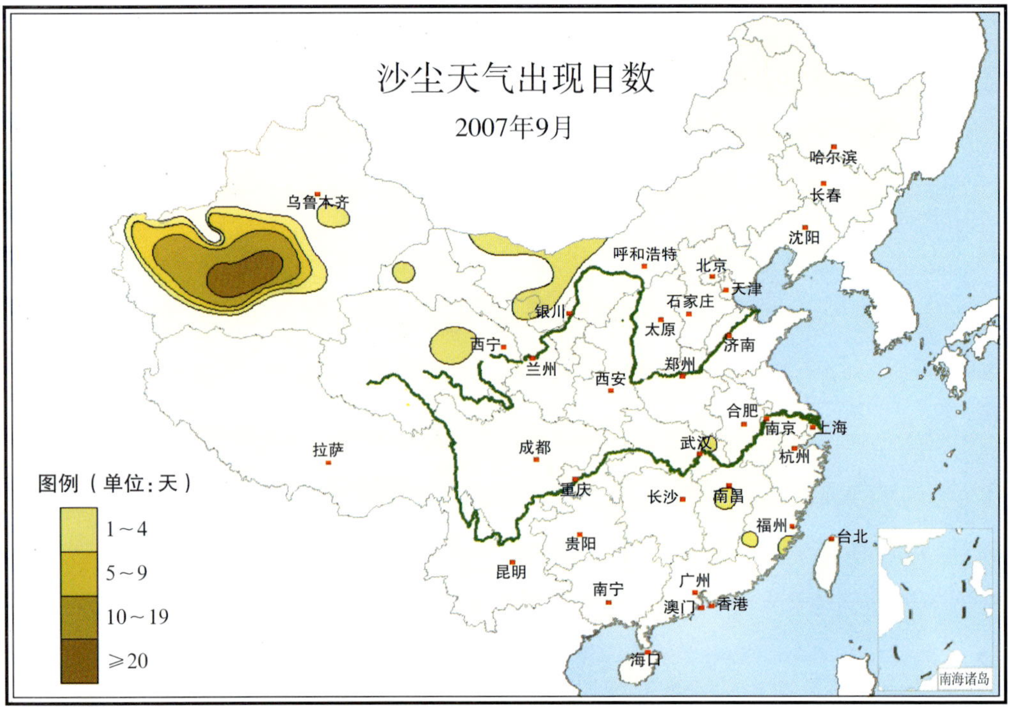
沙尘天气出现日数
2007年9月
图例（单位:天）
1～4
5～9
10～19
≥20
乌鲁木齐
哈尔滨
长春
沈阳
呼和浩特
北京
天津
石家庄
银川
太原
济南
西宁
兰州
西安
郑州
合肥
南京
上海
拉萨
成都
武汉
杭州
重庆
长沙
南昌
福州
台北
贵阳
昆明
南宁
广州
澳门
香港
海口
南海诸岛

扬沙天气出现日数
2007年9月
图例（单位:天）
1～2
3～4
≥5
乌鲁木齐
哈尔滨
长春
沈阳
呼和浩特
北京
天津
石家庄
银川
太原
济南
西宁
兰州
西安
郑州
合肥
南京
上海
拉萨
成都
武汉
杭州
重庆
长沙
南昌
福州
台北
贵阳
昆明
南宁
广州
澳门
香港
海口
南海诸岛

沙尘暴天气出现日数
2007年9月
乌鲁木齐
哈尔滨
长春
沈阳
呼和浩特
北京
天津
石家庄
银川
太原
西宁
济南
兰州
郑州
西安
合肥
南京
上海
拉萨
成都
武汉
杭州
重庆
长沙
南昌
福州
台北
贵阳
昆明
南宁
广州
澳门
香港
海口
南海诸岛
图例（单位：天）
≥1

强沙尘暴天气出现日数
2007年9月
乌鲁木齐
哈尔滨
长春
沈阳
呼和浩特
北京
天津
石家庄
银川
太原
西宁
济南
兰州
郑州
西安
合肥
南京
上海
拉萨
成都
武汉
杭州
重庆
长沙
南昌
福州
台北
贵阳
昆明
南宁
广州
澳门
香港
海口
南海诸岛
图例（单位：天）
≥1

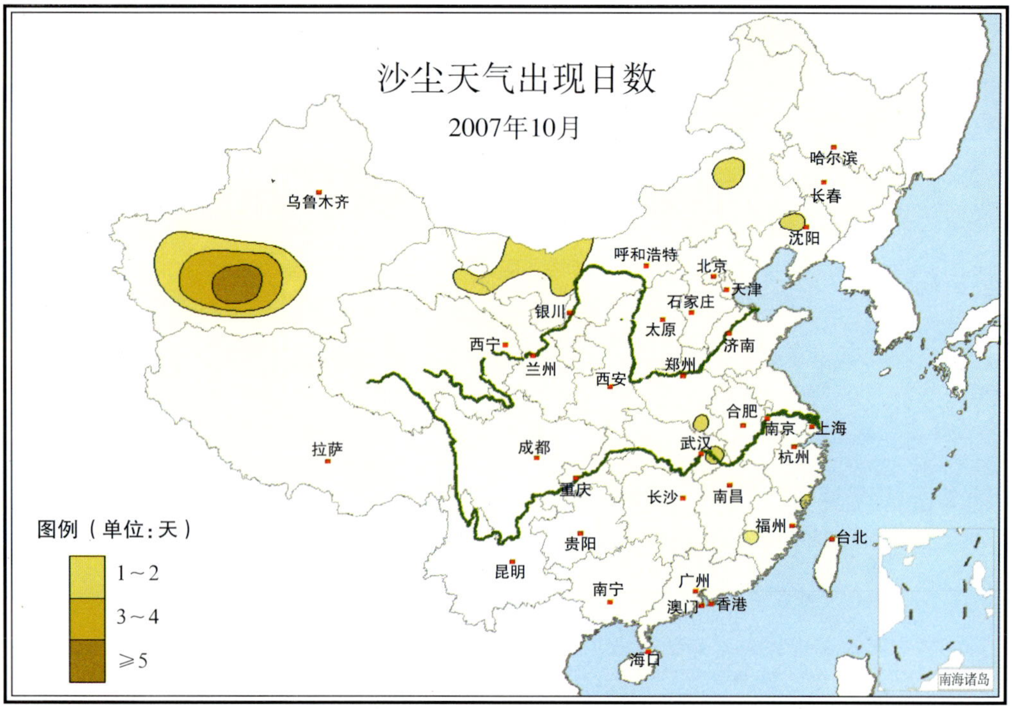

沙尘天气出现日数
2007年10月
乌鲁木齐
哈尔滨
长春
沈阳
呼和浩特
北京
天津
石家庄
银川
太原
济南
西宁
兰州
西安
郑州
合肥
南京
上海
武汉
杭州
拉萨
成都
重庆
长沙
南昌
福州
台北
贵阳
昆明
南宁
广州
澳门
香港
海口
南海诸岛
图例（单位：天）
1～2
3～4
≥5

扬沙天气出现日数
2007年10月
乌鲁木齐
哈尔滨
长春
沈阳
呼和浩特
北京
天津
石家庄
银川
太原
济南
西宁
兰州
西安
郑州
合肥
南京
上海
武汉
杭州
拉萨
成都
重庆
长沙
南昌
福州
台北
贵阳
昆明
南宁
广州
澳门
香港
海口
南海诸岛
图例（单位：天）
≥1

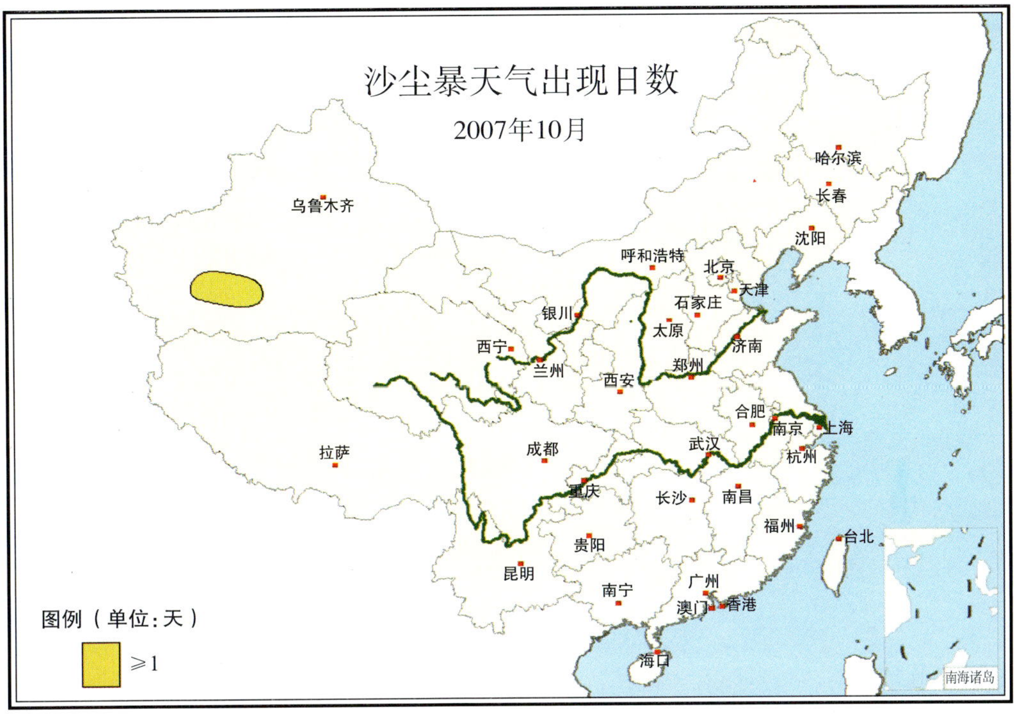
沙尘暴天气出现日数
2007年10月
哈尔滨
长春
沈阳
乌鲁木齐
呼和浩特
北京
天津
石家庄
银川
太原
西宁
兰州
济南
郑州
西安
合肥
南京
上海
拉萨
成都
武汉
杭州
重庆
长沙
南昌
福州
台北
贵阳
昆明
广州
南宁
澳门
香港
海口
南海诸岛
图例（单位:天）
≥1

强沙尘暴天气出现日数
2007年10月
哈尔滨
长春
沈阳
乌鲁木齐
呼和浩特
北京
天津
石家庄
银川
无强沙尘暴
济南
郑州
西安
合肥
南京
上海
拉萨
成都
武汉
杭州
重庆
长沙
南昌
福州
台北
贵阳
昆明
广州
南宁
澳门
香港
海口
南海诸岛

沙尘天气出现日数
2007年11月
乌鲁木齐
哈尔滨
长春
沈阳
呼和浩特
北京
天津
石家庄
银川
太原
西宁
兰州
济南
郑州
西安
合肥
南京
上海
武汉
杭州
拉萨
成都
重庆
长沙
南昌
福州
台北
贵阳
昆明
南宁
广州
澳门
香港
海口
南海诸岛
图例（单位：天）
1～2
3～4
≥5

扬沙天气出现日数
2007年11月
乌鲁木齐
哈尔滨
长春
沈阳
呼和浩特
北京
天津
石家庄
银川
太原
西宁
兰州
济南
郑州
西安
合肥
南京
上海
武汉
杭州
拉萨
成都
重庆
长沙
南昌
福州
台北
贵阳
昆明
南宁
广州
澳门
香港
海口
南海诸岛
图例（单位：天）
≥1

沙尘暴天气出现日数
2007年11月
无沙尘暴
乌鲁木齐
哈尔滨
长春
沈阳
呼和浩特
北京
天津
石家庄
银川
太原
济南
郑州
西安
合肥
南京
上海
拉萨
成都
武汉
杭州
重庆
长沙
南昌
福州
台北
贵阳
昆明
南宁
广州
澳门
香港
海口
南海诸岛

强沙尘暴天气出现日数
2007年11月
无强沙尘暴
乌鲁木齐
哈尔滨
长春
沈阳
呼和浩特
北京
天津
石家庄
银川
济南
郑州
西安
合肥
南京
上海
拉萨
成都
武汉
杭州
重庆
长沙
南昌
福州
台北
贵阳
昆明
南宁
广州
澳门
香港
海口
南海诸岛

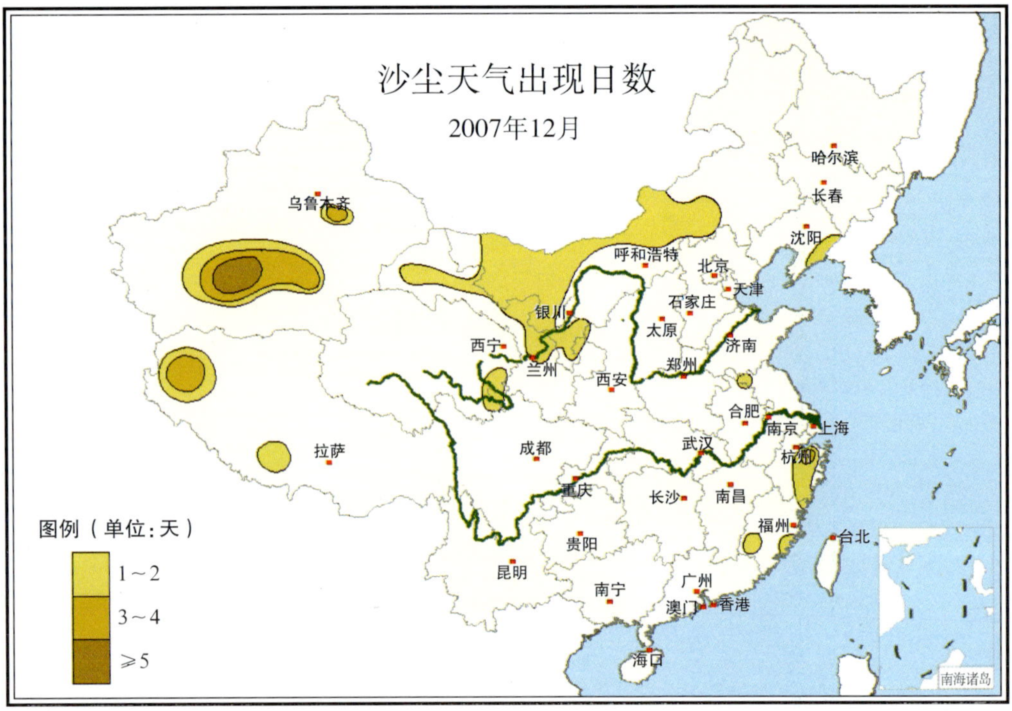
沙尘天气出现日数
2007年12月
图例（单位：天）
1～2
3～4
≥5
乌鲁木齐
哈尔滨
长春
沈阳
呼和浩特
北京
天津
石家庄
银川
太原
西宁
济南
兰州
郑州
西安
合肥
南京
上海
拉萨
成都
武汉
杭州
重庆
长沙
南昌
福州
台北
贵阳
昆明
南宁
广州
澳门
香港
海口
南海诸岛

扬沙天气出现日数
2007年12月
图例（单位：天）
1～2
≥3
乌鲁木齐
哈尔滨
长春
沈阳
呼和浩特
北京
天津
石家庄
银川
太原
西宁
济南
兰州
郑州
西安
合肥
南京
上海
拉萨
成都
武汉
杭州
重庆
长沙
南昌
福州
台北
贵阳
昆明
南宁
广州
澳门
香港
海口
南海诸岛

沙尘暴天气出现日数
2007年12月
乌鲁木齐
哈尔滨
长春
沈阳
呼和浩特
北京
天津
石家庄
银川
太原
西宁
兰州
济南
郑州
西安
合肥
南京
上海
拉萨
成都
武汉
杭州
重庆
长沙
南昌
福州
台北
贵阳
昆明
南宁
广州
澳门
香港
海口
南海诸岛
图例（单位：天）
≥1

强沙尘暴天气出现日数
2007年12月
乌鲁木齐
哈尔滨
长春
沈阳
呼和浩特
北京
天津
石家庄
银川
太原
西宁
兰州
济南
郑州
西安
合肥
南京
上海
拉萨
成都
武汉
杭州
重庆
长沙
南昌
福州
台北
贵阳
昆明
南宁
广州
澳门
香港
海口
南海诸岛
图例（单位：天）
≥1

5　2007年沙尘天气过程图表

5.1　1月25－26日扬沙天气过程

5.1.1　沙尘天气过程描述

起止时间	1月25 － 26日
类　　型	扬沙
最大风速(单位：$m\cdot s^{-1}$)及出现地点	17 内蒙古：巴音毛道
最小能见度(单位：km)及出现地点	0.3 内蒙古：巴音毛道 吉兰泰
沙尘路径	西北路径型
沙尘暴范围	内蒙古西部、青海中部、甘肃西部、宁夏东部的局部地区
强沙尘暴地点	内蒙古：巴音毛道 吉兰泰
影响系统	冷锋

5.1.2　沙尘天气范围图

5.1.3　2007 年 1 月 26 日 08 时 500 hPa 环流形势图

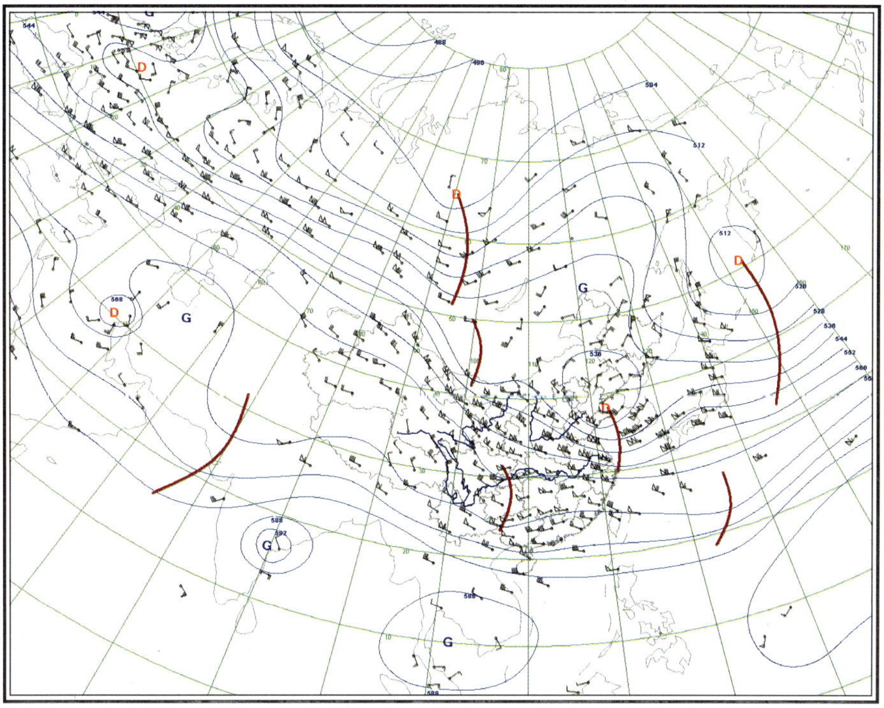

5.1.4　2007 年 1 月 26 日 14 时地面天气图

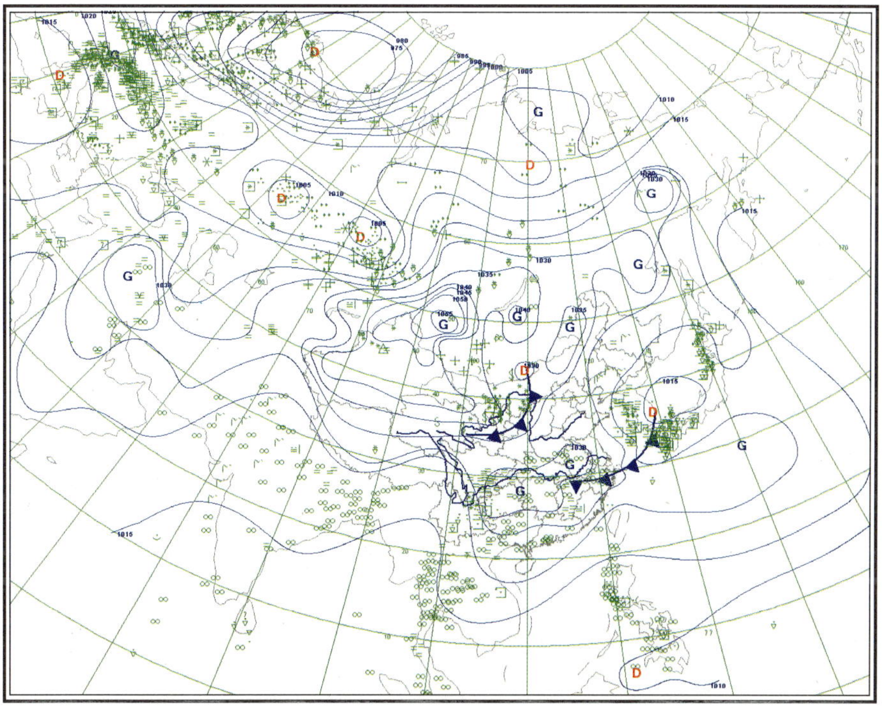

5.1.5 气象卫星监测图

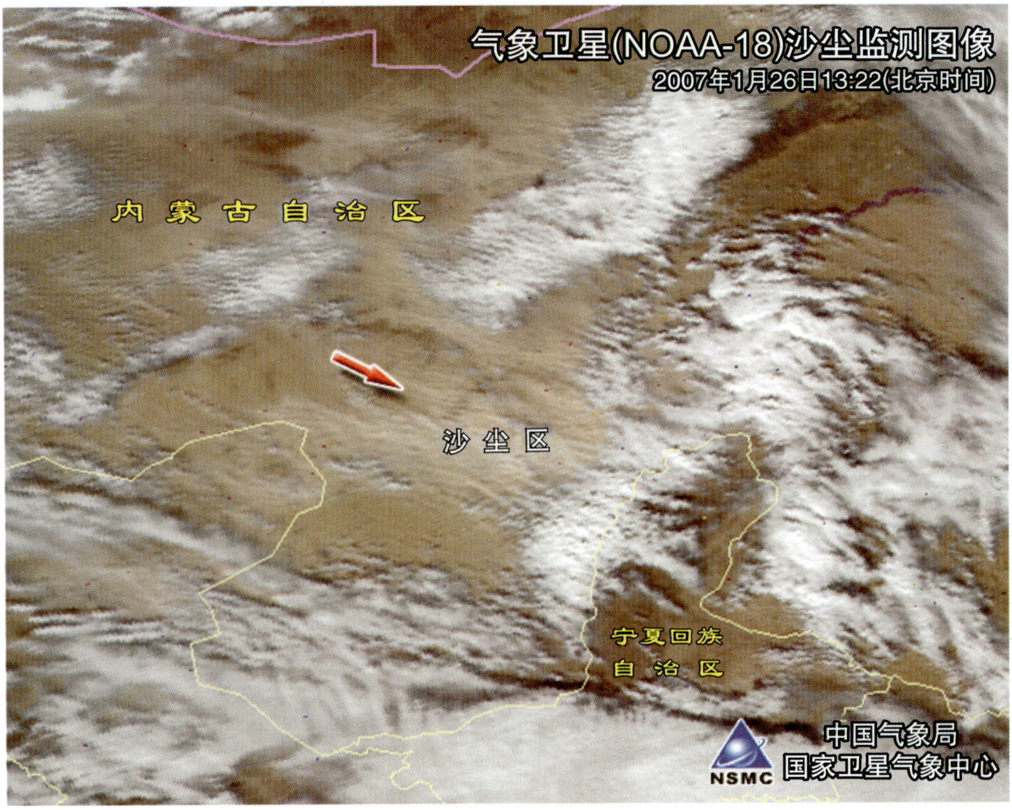

5.2 2月4日扬沙天气过程

5.2.1 沙尘天气过程描述

起止时间	2月4日
类　　型	扬沙
最大风速(单位：$m \cdot s^{-1}$)及出现地点	15 辽宁：彰武
最小能见度(单位：km)及出现地点	3 辽宁：黑山
沙尘路径	局地型
沙尘暴范围	/
强沙尘暴地点	/
影响系统	气旋

5.2.2 沙尘天气范围图

5.2.3 2007 年 2 月 4 日 08 时 500 hPa 环流形势图

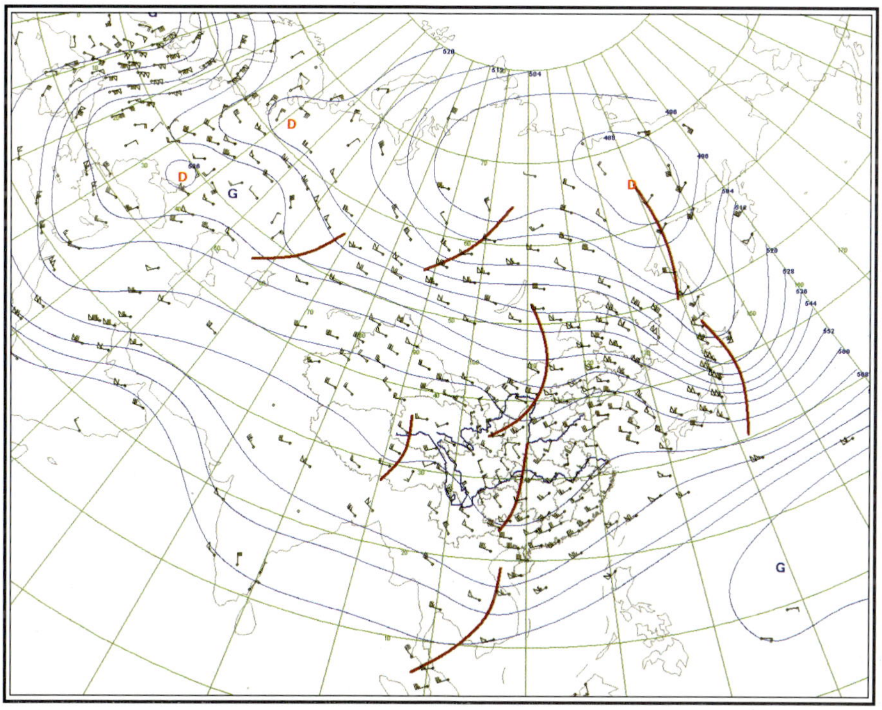

5.2.4 2007年2月4日14时地面天气图

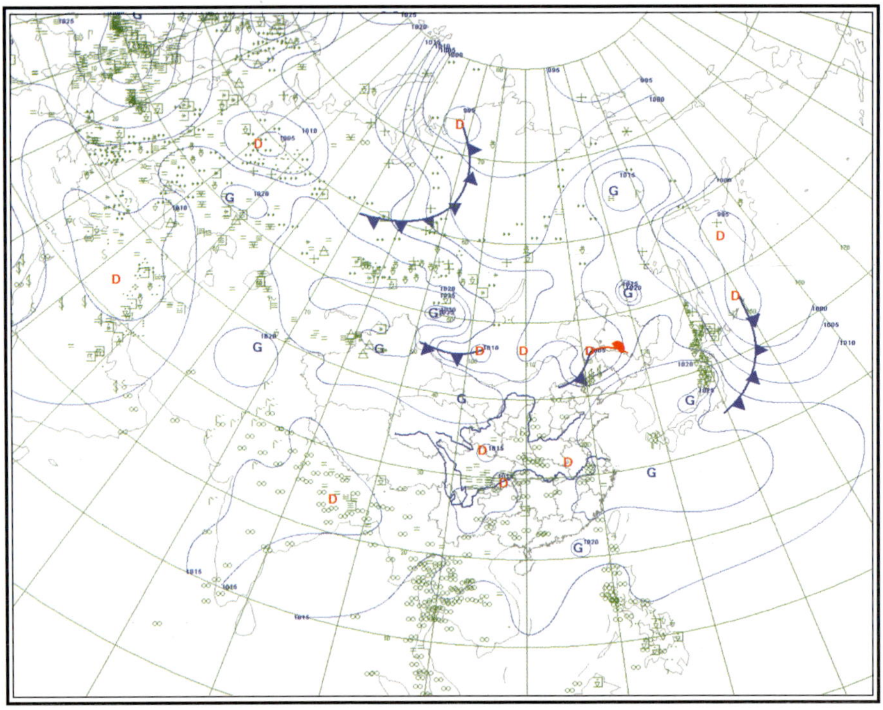

5.2.5 气象卫星监测图

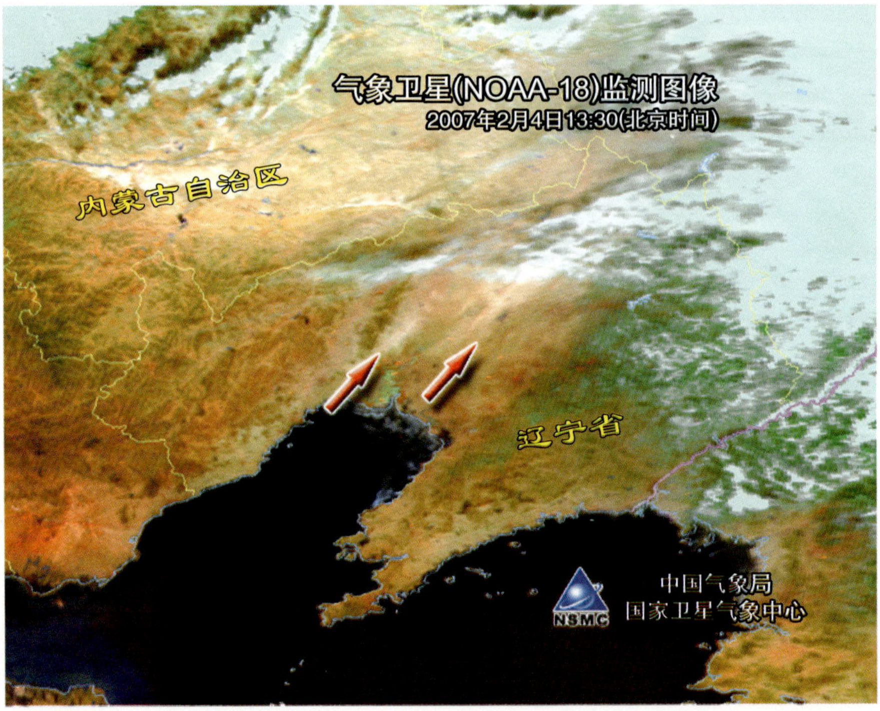

5.3 2月27－28日扬沙天气过程

5.3.1 沙尘天气过程描述

起止时间	2 月 27 － 28 日
类　　型	扬沙
最大风速（单位：$m \cdot s^{-1}$）及出现地点	17 内蒙古：海力素
最小能见度（单位：km）及出现地点	0.1 新疆：若羌
沙尘路径	局地型
沙尘暴范围	南疆盆地和内蒙古西部的局部地区
强沙尘暴地点	新疆：若羌 内蒙古：海力素
影响系统	气旋

5.3.2 沙尘天气范围图

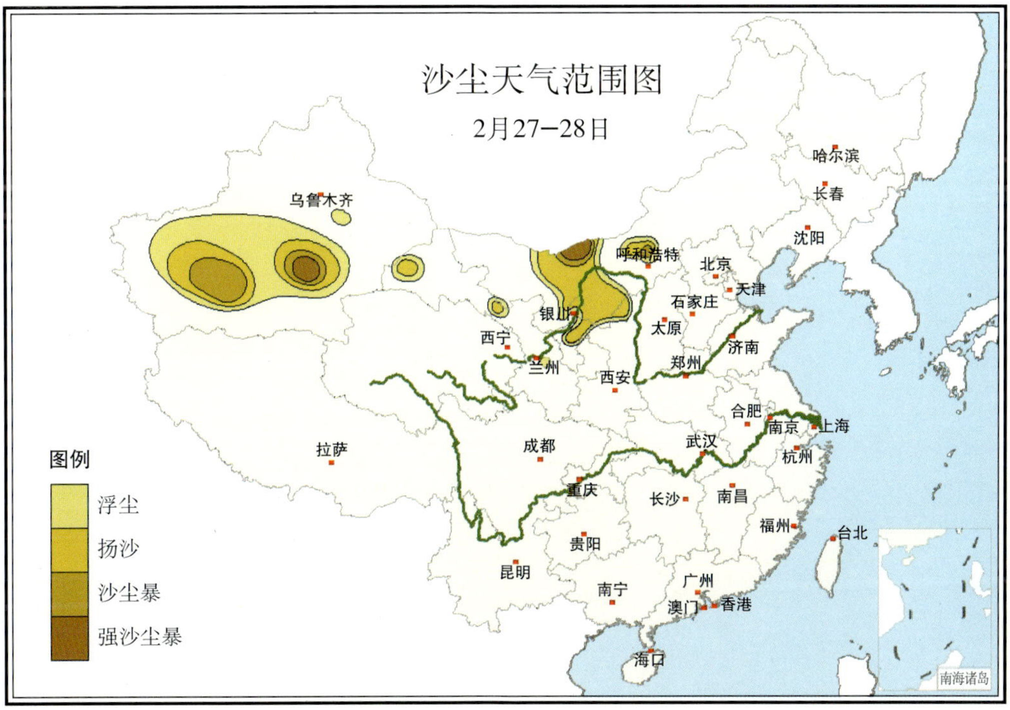

5.3.3　2007 年 2 月 27 日 20 时 500 hPa 环流形势图

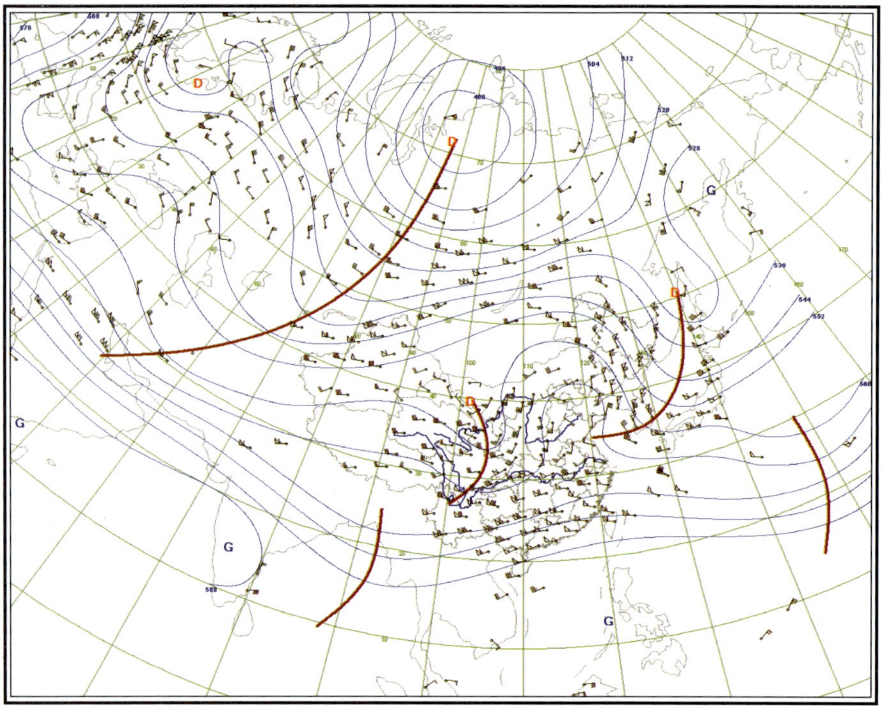

5.3.4　2007 年 2 月 27 日 14 时地面天气图

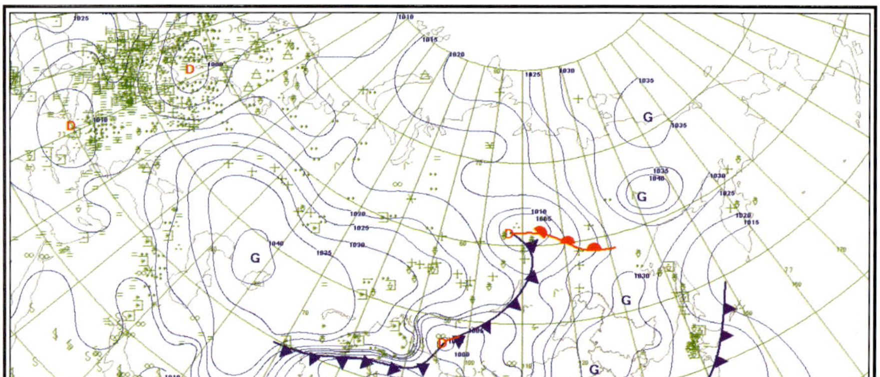

5.3.5 气象卫星监测图

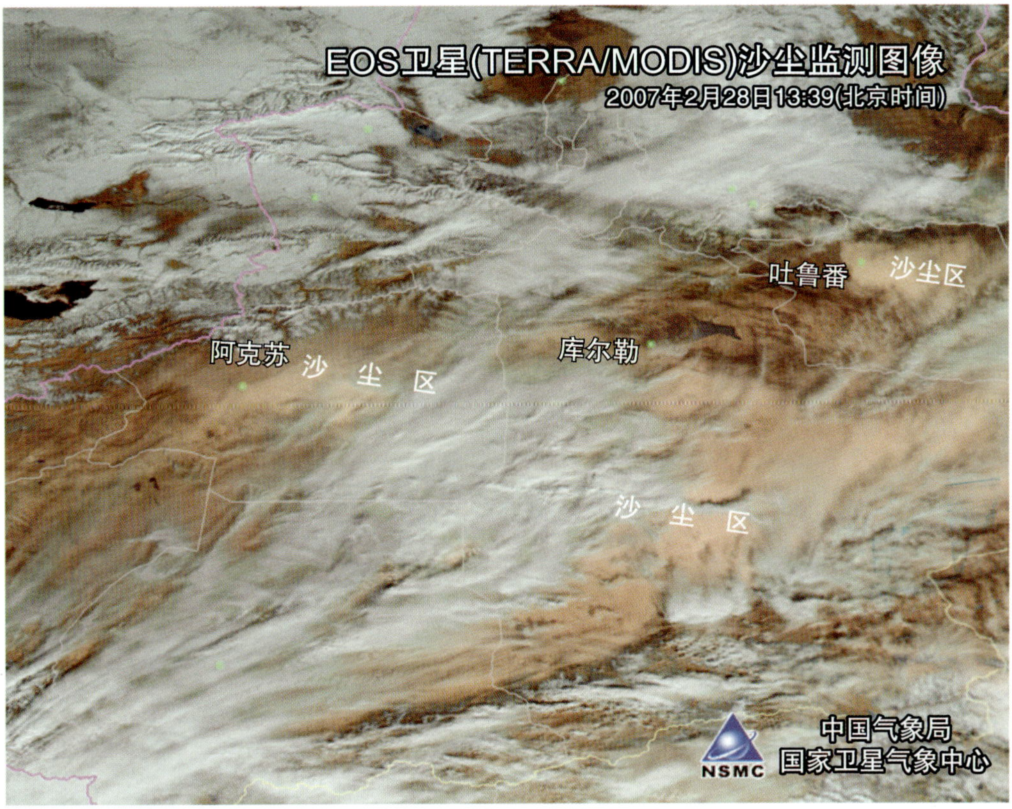

5.4 3月24日扬沙天气过程

5.4.1 沙尘天气过程描述

起止时间	3 月 24 日
类　　型	扬沙
最大风速 (单位：$m \cdot s^{-1}$) 及出现地点	15 吉林：通榆
最小能见度 (单位：km) 及出现地点	0.6 吉林：通榆
沙尘路径	局地型
沙尘暴范围	吉林西部的局部地区
强沙尘暴地点	/
影响系统	蒙古气旋 冷锋

5.4.2 沙尘天气范围图

5.4.3 2007 年 3 月 24 日 20 时 500 hPa 环流形势图

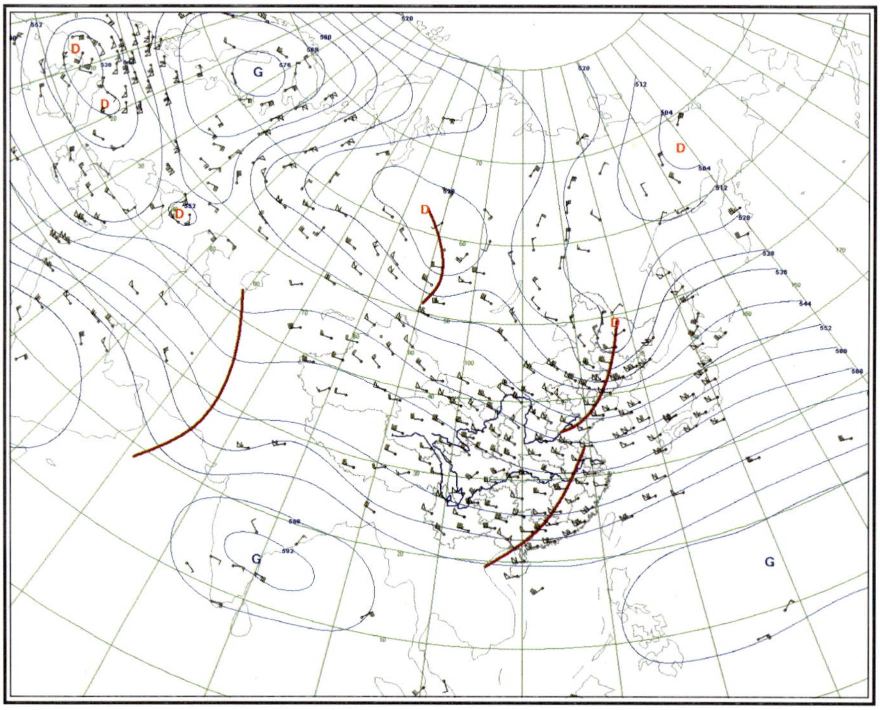

5.4.4 2007年3月24日20时地面天气图

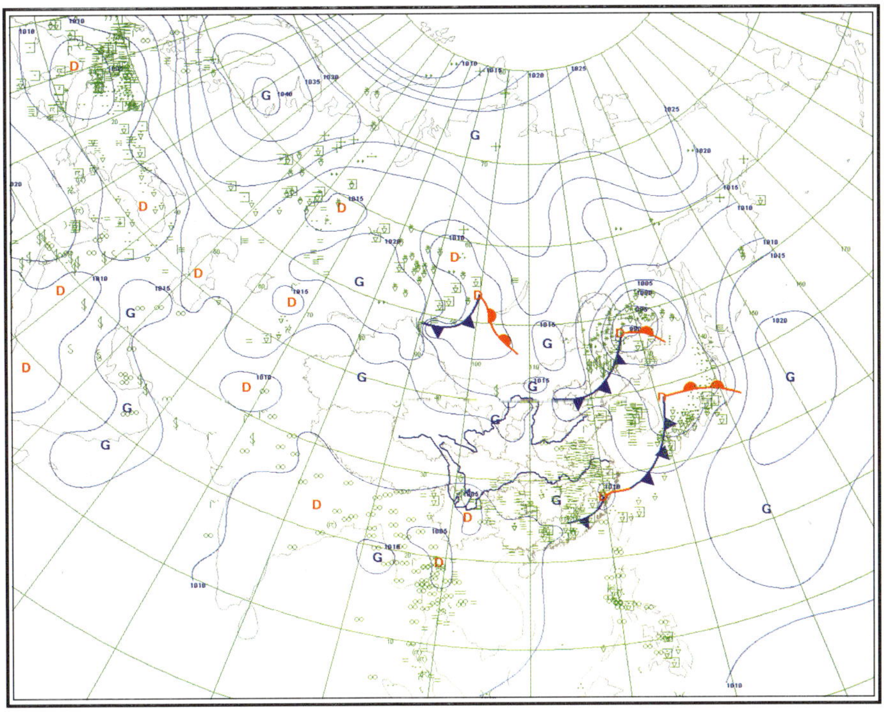

5.4.5 气象卫星监测图

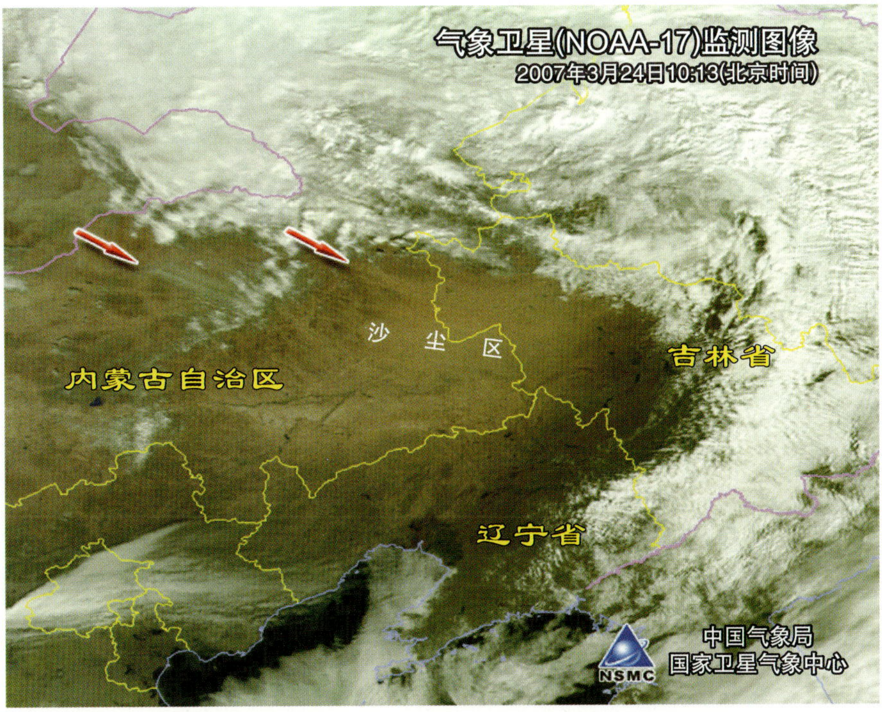

5.5 3月27－28日沙尘暴天气过程

5.5.1 沙尘天气过程描述

起止时间	3 月 27 － 28 日
类　　型	沙尘暴
最大风速（单位：$m \cdot s^{-1}$）及出现地点	15 内蒙古：巴音毛道 吉兰泰 宁夏：惠农
最小能见度（单位：km）及出现地点	0.3 内蒙古：阿拉善左旗
沙尘路径	西北路径型
沙尘暴范围	内蒙古西部的部分地区以及甘肃河西地区、宁夏东部、陕西西北部的局部地区
强沙尘暴地点	内蒙古：阿拉善左旗
影响系统	冷锋

5.5.2 沙尘天气范围图

5.5.3 2007 年 3 月 27 日 20 时 500 hPa 环流形势图

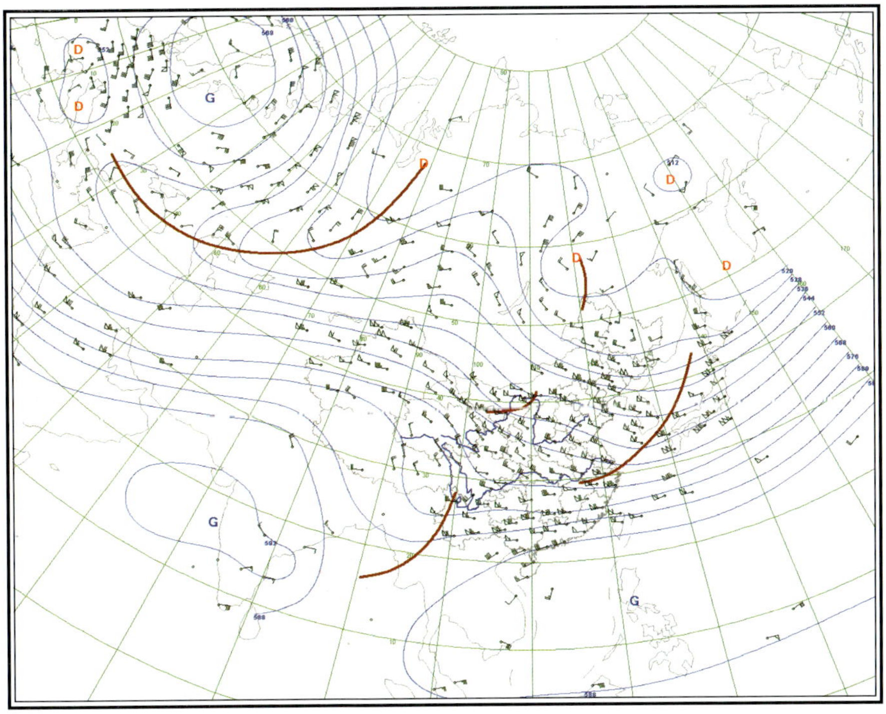

5.5.4 2007 年 3 月 27 日 20 时地面天气图

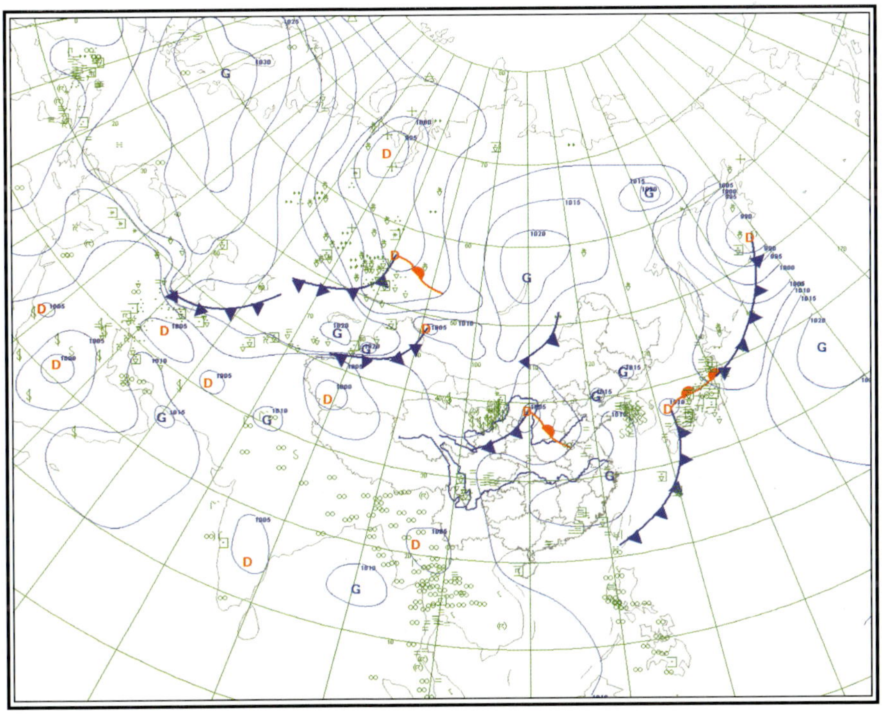

5.5.5 气象卫星监测图

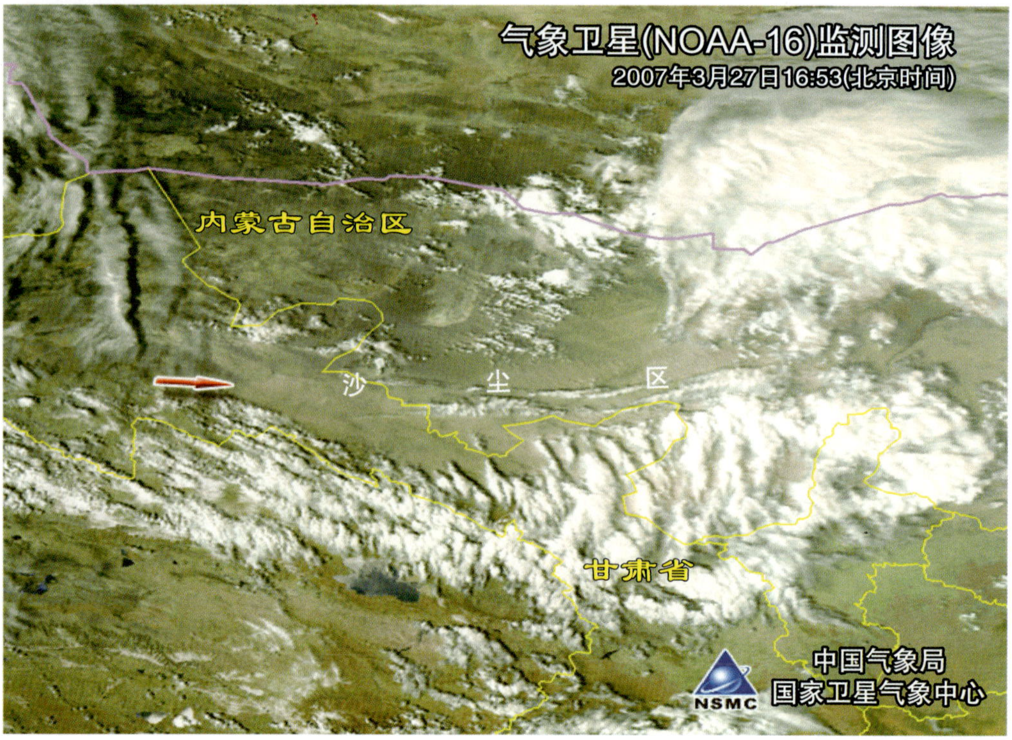

5.6 3月30－31日强沙尘暴天气过程

5.6.1 沙尘天气过程描述

起止时间	3 月 30 － 31 日
类　　型	强沙尘暴
最大风速(单位：$m\cdot s^{-1}$) 及出现地点	19 内蒙古：二连浩特 苏尼特左旗
最小能见度(单位：km) 及出现地点	0.2 内蒙古：那仁宝力格 达尔罕联合旗
沙尘路径	偏西路径型
沙尘暴范围	内蒙古中西部的部分地区
强沙尘暴地点	内蒙古：拐子湖 二连浩特 那仁宝力格 阿巴嘎旗 苏尼特左旗 海力素 朱日和 达尔罕联合旗 吉兰泰
影响系统	蒙古气旋 冷锋

5.6.2 沙尘天气范围图

5.6.3 2007 年 3 月 30 日 20 时 500 hPa 环流形势图

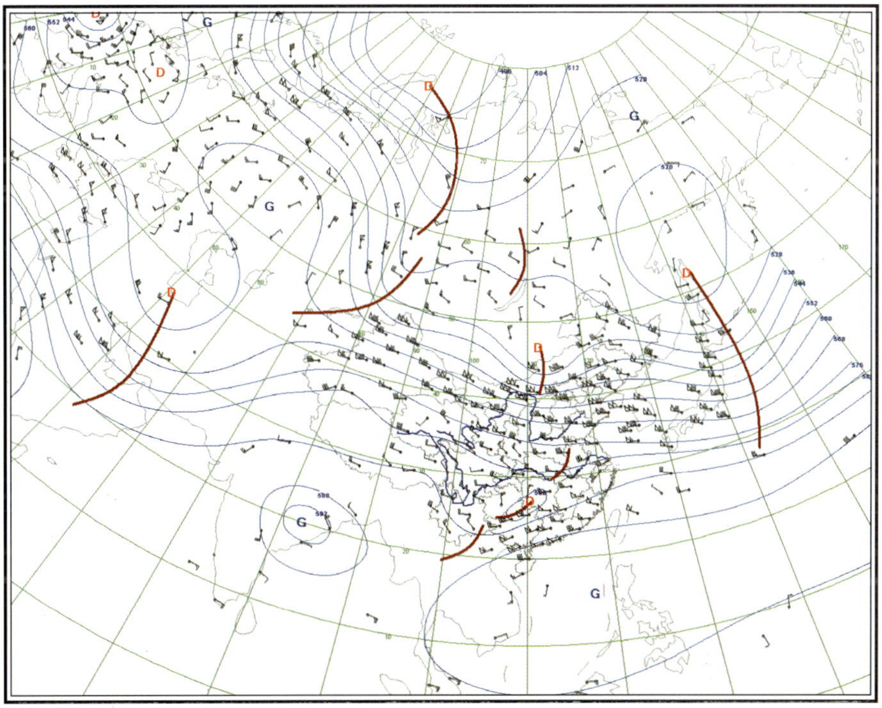

5.6.4　2007年3月30日20时地面天气图

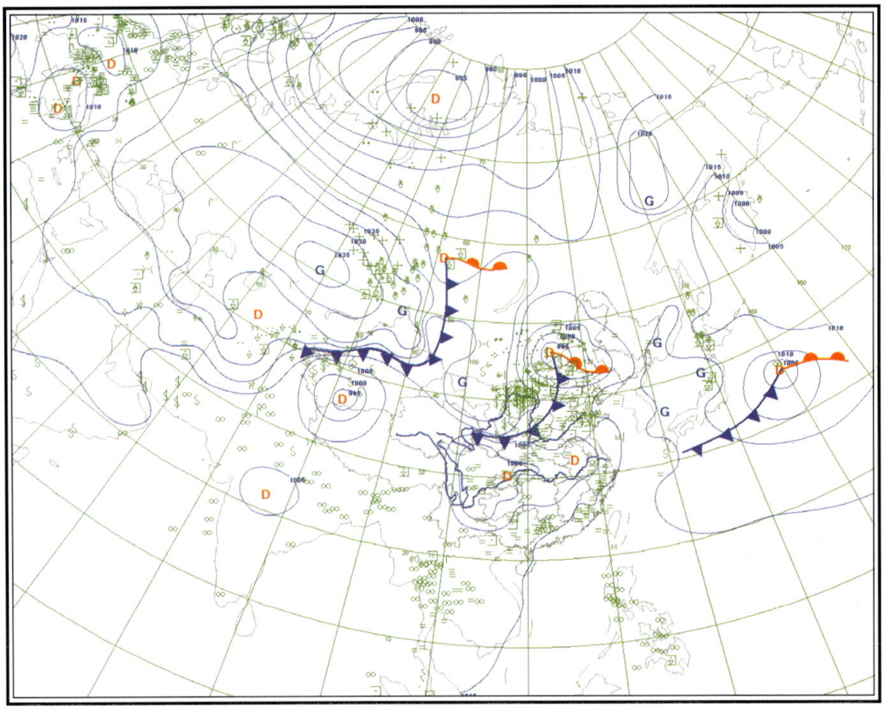

5.6.5　气象卫星监测图

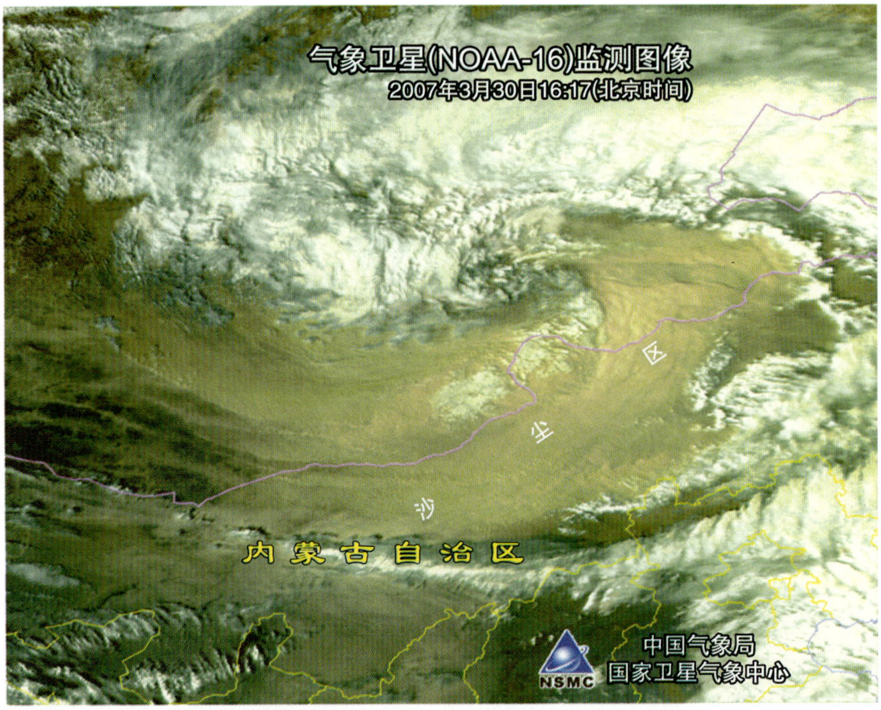

5.7 3月31日－4月3日沙尘暴天气过程

5.7.1 沙尘天气过程描述

起止时间	3 月 31 日－4 月 3 日
类　　型	沙尘暴
最大风速（单位：$m \cdot s^{-1}$）及出现地点	17 新疆：塔城 青海：冷湖
最小能见度（单位：km）及出现地点	0.1 青海：小灶火
沙尘路径	偏西路径型
沙尘暴范围	新疆北部和南疆盆地东南部、青海西北部、甘肃河西西部、内蒙古西部等地的局部地区
强沙尘暴地点	甘肃：安西　　青海：小灶火
影响系统	冷锋

5.7.2 沙尘天气范围图

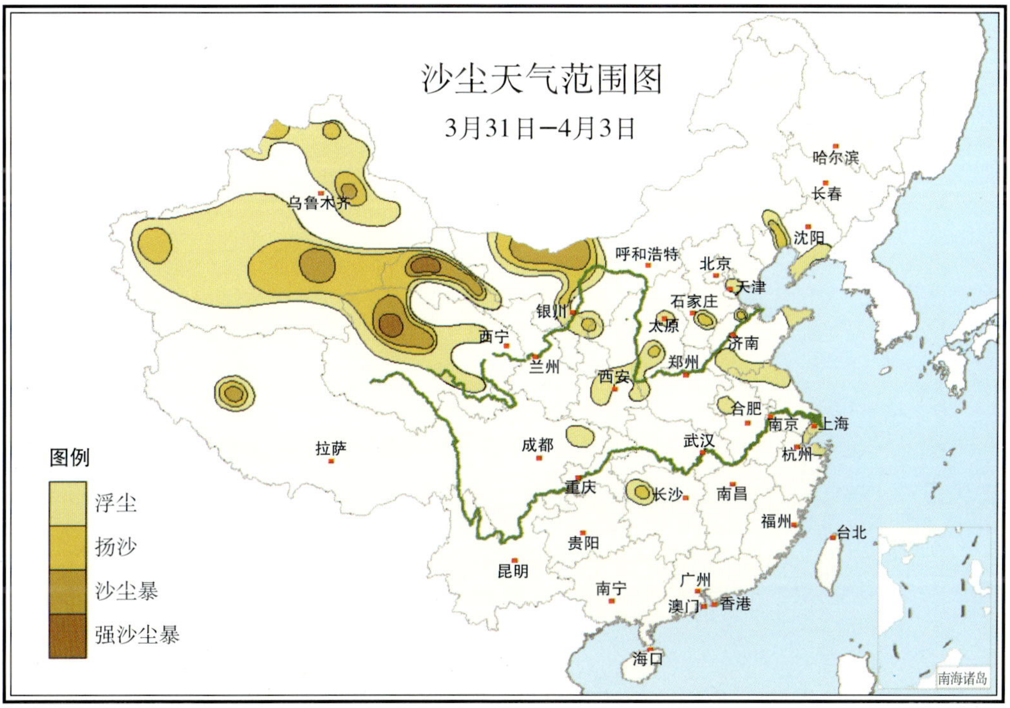

5.7.3 2007年4月1日08时500 hPa环流形势图

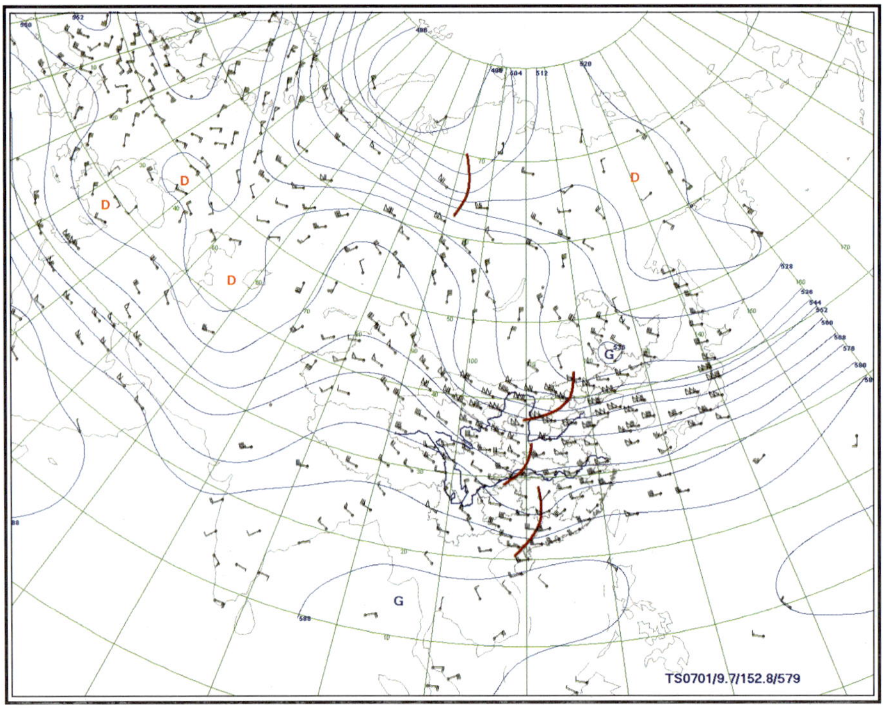

5.7.4 2007年4月1日02时地面天气图

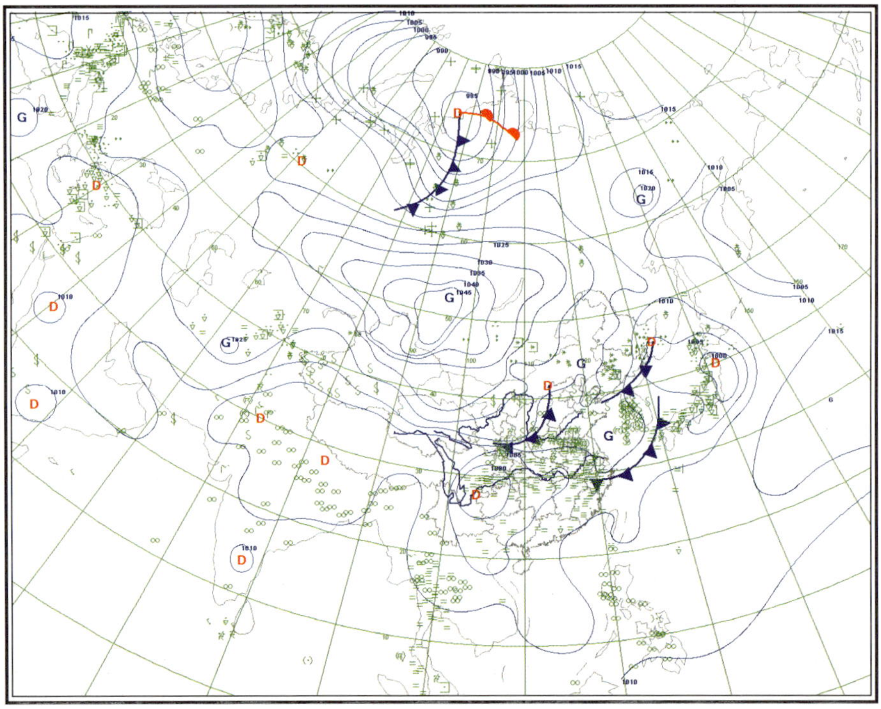

5.7.5 气象卫星监测图

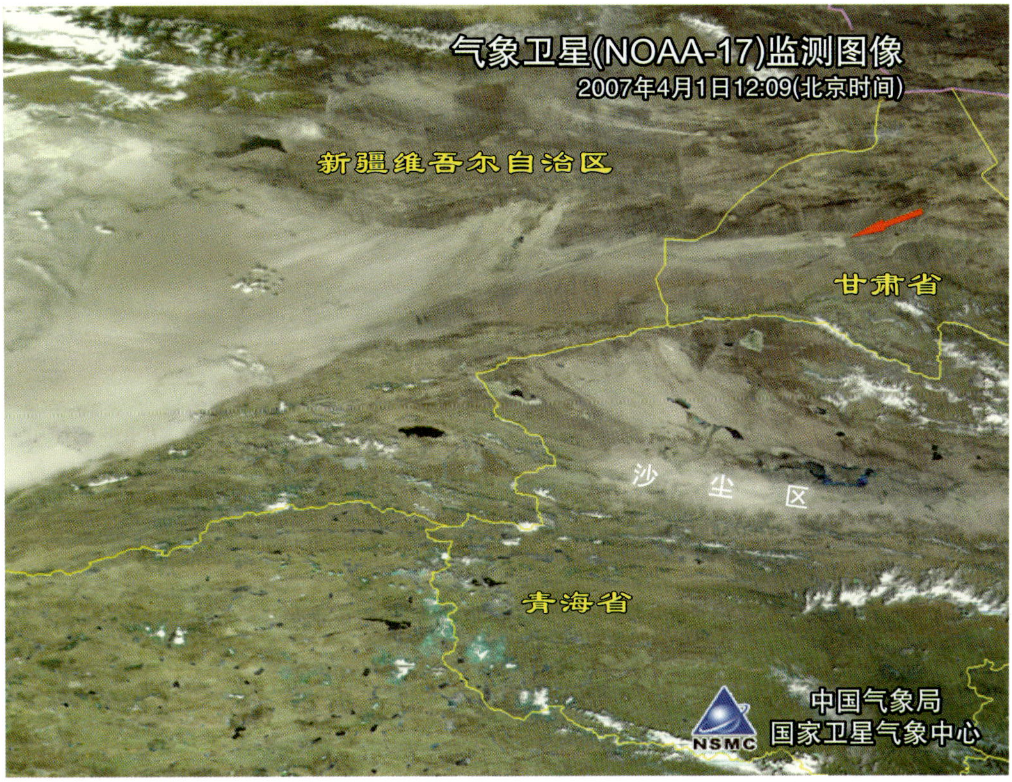

5.8 4月13－15日沙尘暴天气过程

5.8.1 沙尘天气过程描述

起止时间	4 月 13 － 15 日
类　　型	沙尘暴
最大风速 (单位 ：$m \cdot s^{-1}$) 及出现地点	18 内蒙古 ：拐子湖
最小能见度 (单位 ：km) 及出现地点	0.4 甘肃 ：高台
沙尘路径	偏西路径型
沙尘暴范围	内蒙古西部的部分地区以及甘肃河西中部、青海中部等地的局部地区
强沙尘暴地点	甘肃 ：高台
影响系统	冷锋 气旋

5.8.2 沙尘天气范围图

5.8.3 2007 年 4 月 14 日 08 时 500 hPa 环流形势图

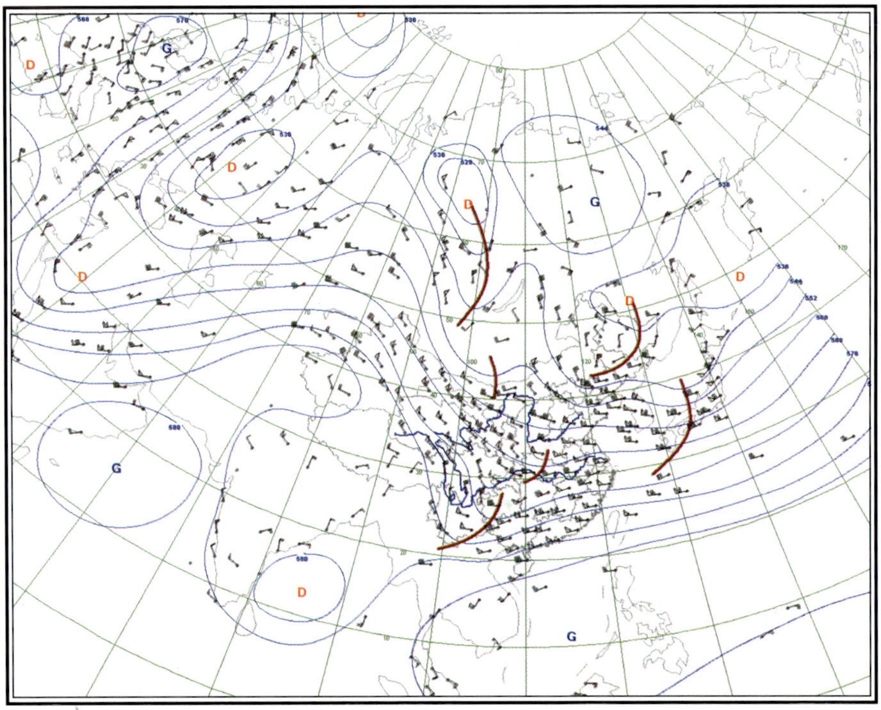

5.8.4 2007 年 4 月 14 日 20 时地面天气图

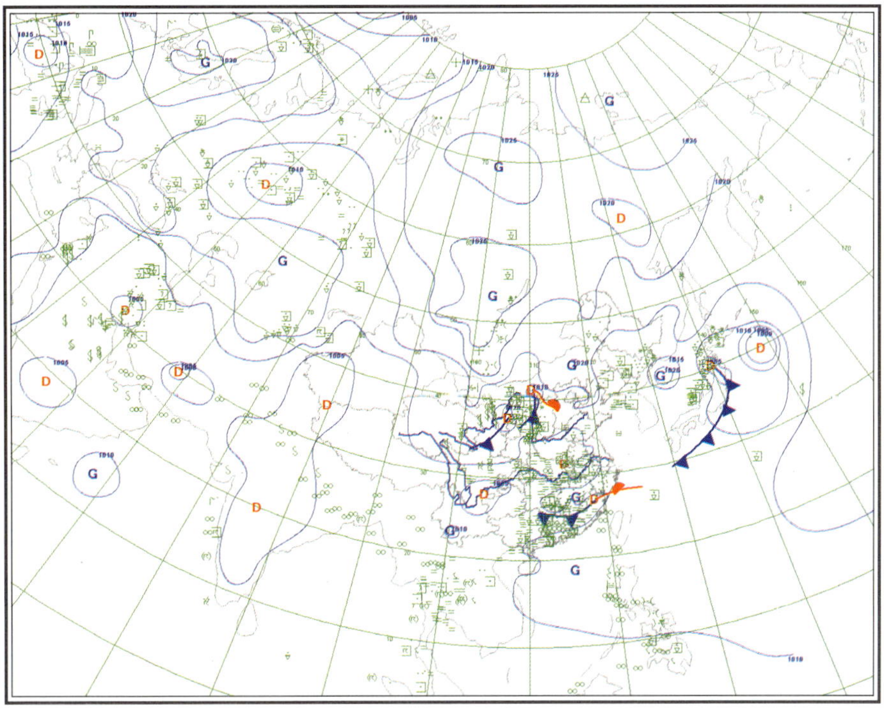

5.8.5 气象卫星监测图

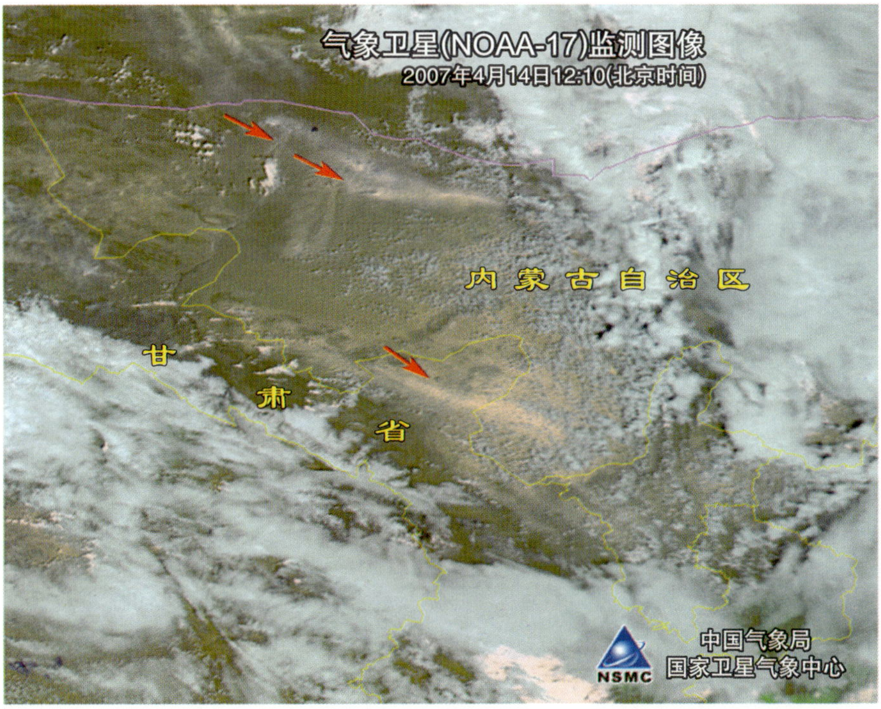

5.9 4月16日扬沙天气过程

5.9.1 沙尘天气过程描述

起止时间	4 月 16 日
类　　型	扬沙
最大风速 (单位 ：$m\cdot s^{-1}$) 及出现地点	17 青海 ：托勒
最小能见度 (单位 ：km) 及出现地点	0.3 新疆 ：若羌
沙尘路径	偏西路径型
沙尘暴范围	南疆盆地、青海中部的局部地区
强沙尘暴地点	新疆 ：塔中　若羌
影响系统	冷锋

5.9.2 沙尘天气范围图

5.9.3　2007 年 4 月 16 日 20 时 500 hPa 环流形势图

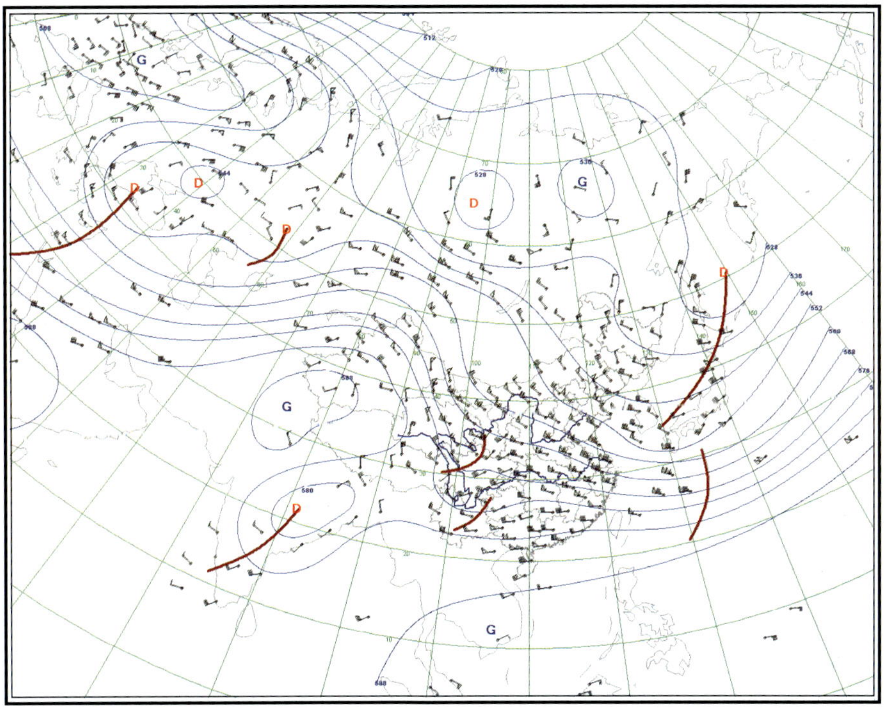

5.9.4　2007 年 4 月 16 日 14 时地面天气图

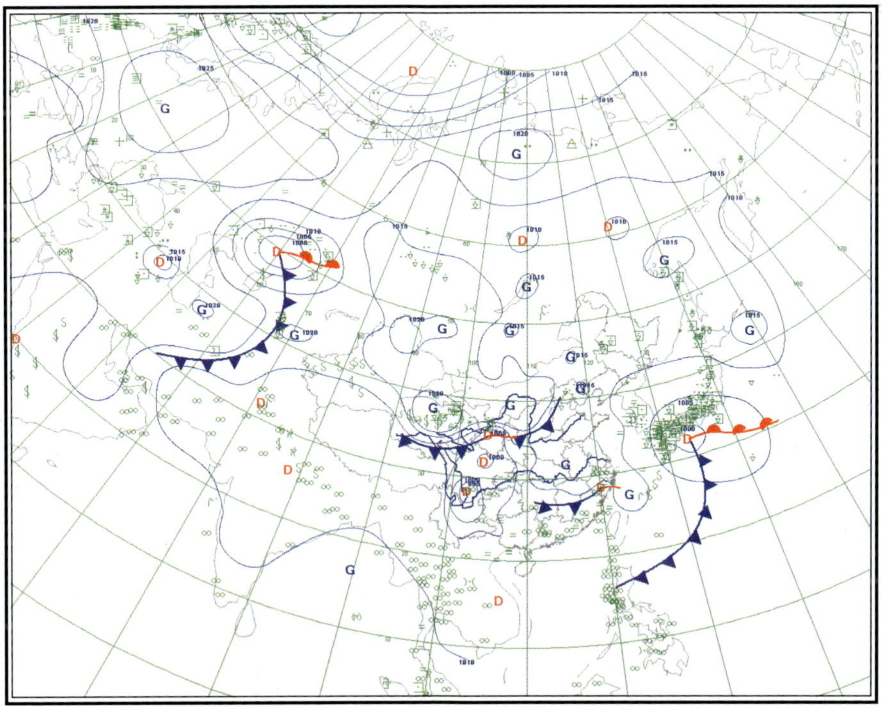

5.9.5 气象卫星监测图

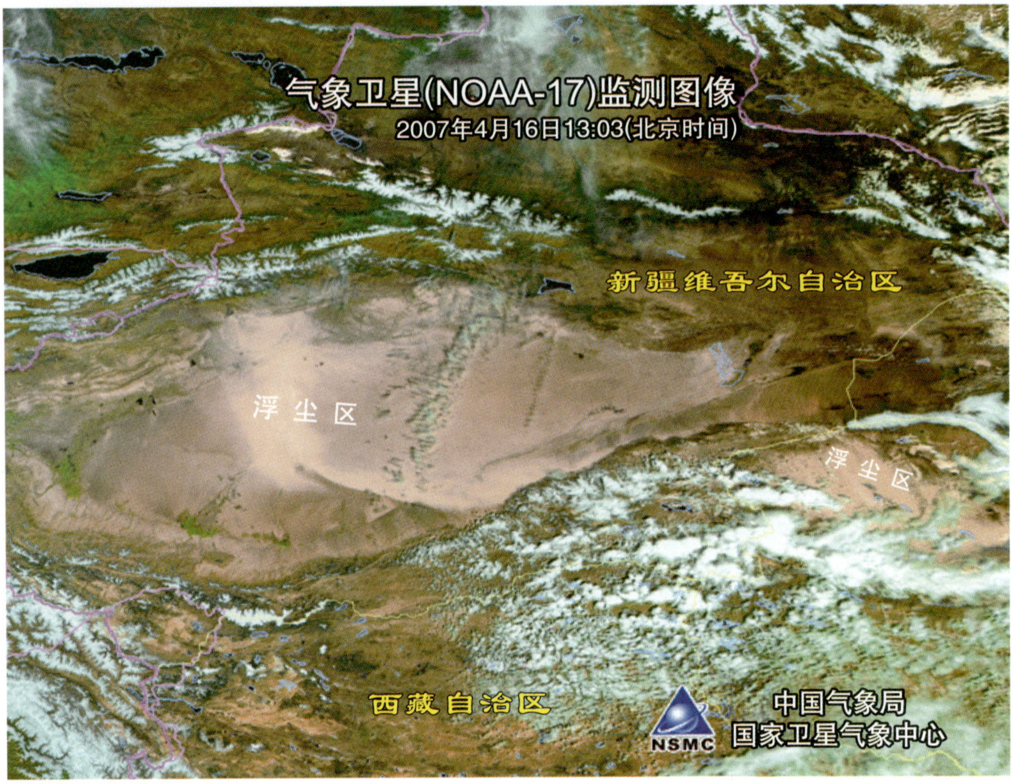

5.10 4月19－20日沙尘暴天气过程

5.10.1 沙尘天气过程描述

起止时间	4 月 19 － 20 日
类　型	沙尘暴
最大风速（单位：$m \cdot s^{-1}$）及出现地点	14 内蒙古：朱日和
最小能见度（单位：km）及出现地点	0.7 内蒙古：阿巴嘎旗
沙尘路径	西北路径型
沙尘暴范围	内蒙古中部偏东地区以及南疆盆地西部的局部地区
强沙尘暴地点	/
影响系统	蒙古气旋 冷锋

5.10.2 沙尘天气范围图

5.10.3 2007 年 4 月 19 日 20 时 500 hPa 环流形势图

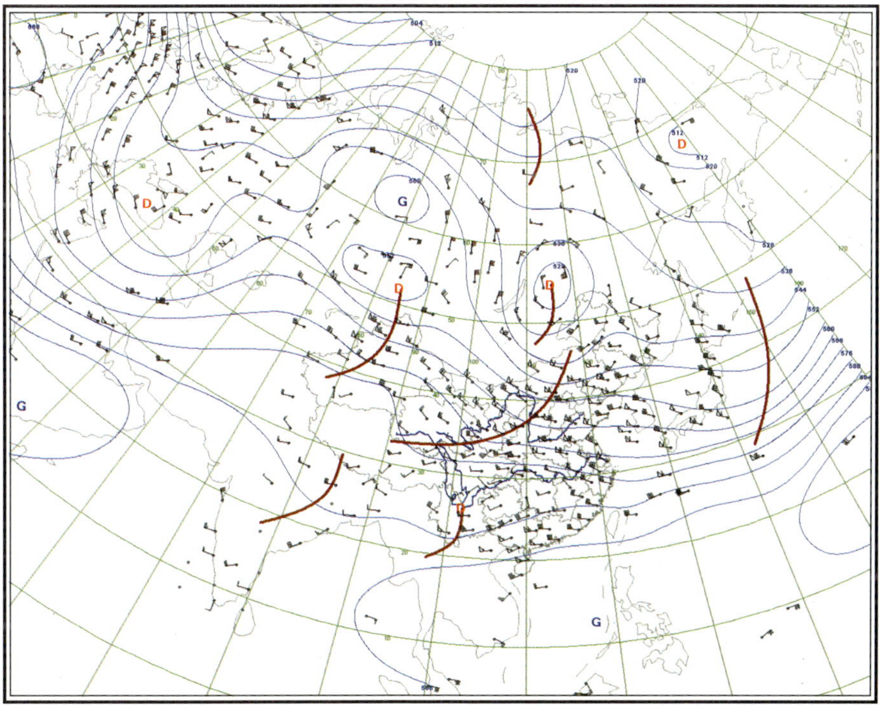

5.10.4 2007年4月19日14时地面天气图

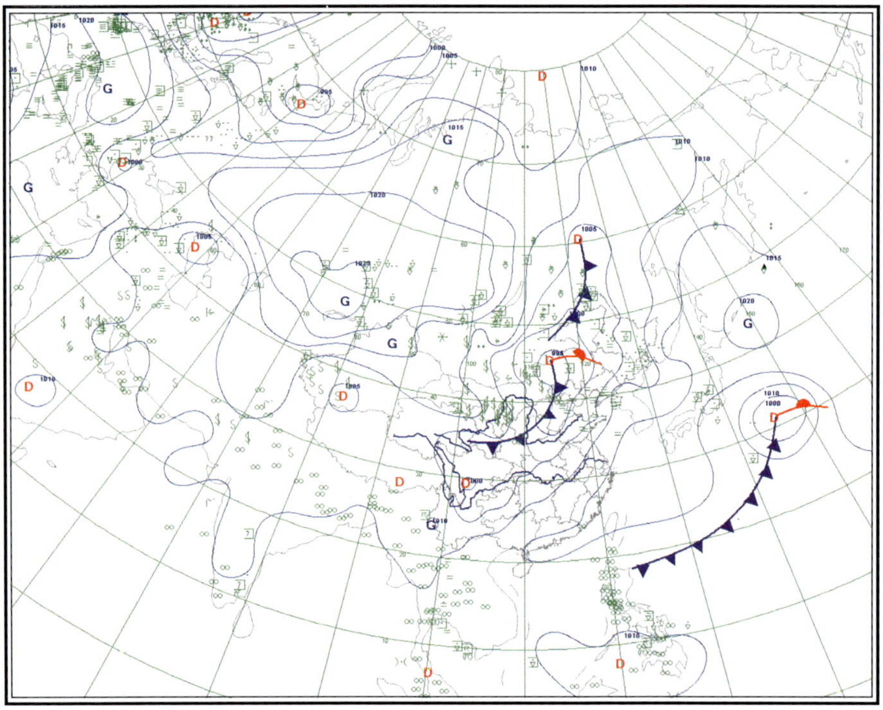

5.10.5 气象卫星监测图

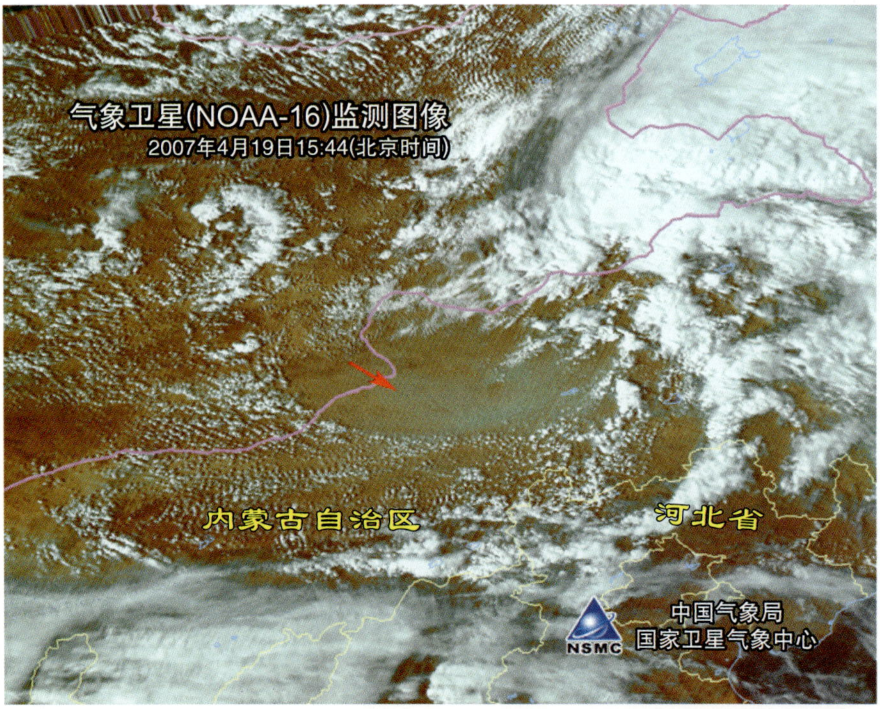

5.11 4月21－23日沙尘暴天气过程

5.11.1 沙尘天气过程描述

起止时间	4 月 21 – 23 日
类　　型	沙尘暴
最大风速（单位：$m \cdot s^{-1}$）及出现地点	19 内蒙古：拐子湖
最小能见度（单位：km）及出现地点	0.1 新疆：铁干里克 若羌
沙尘路径	偏西路径型
沙尘暴范围	南疆盆地东部、内蒙古西部的部分地区及青海西北部的局部地区
强沙尘暴地点	新疆：塔中 铁干里克 若羌 内蒙古：巴音毛道
影响系统	冷锋 暖锋 气旋

5.11.2 沙尘天气范围图

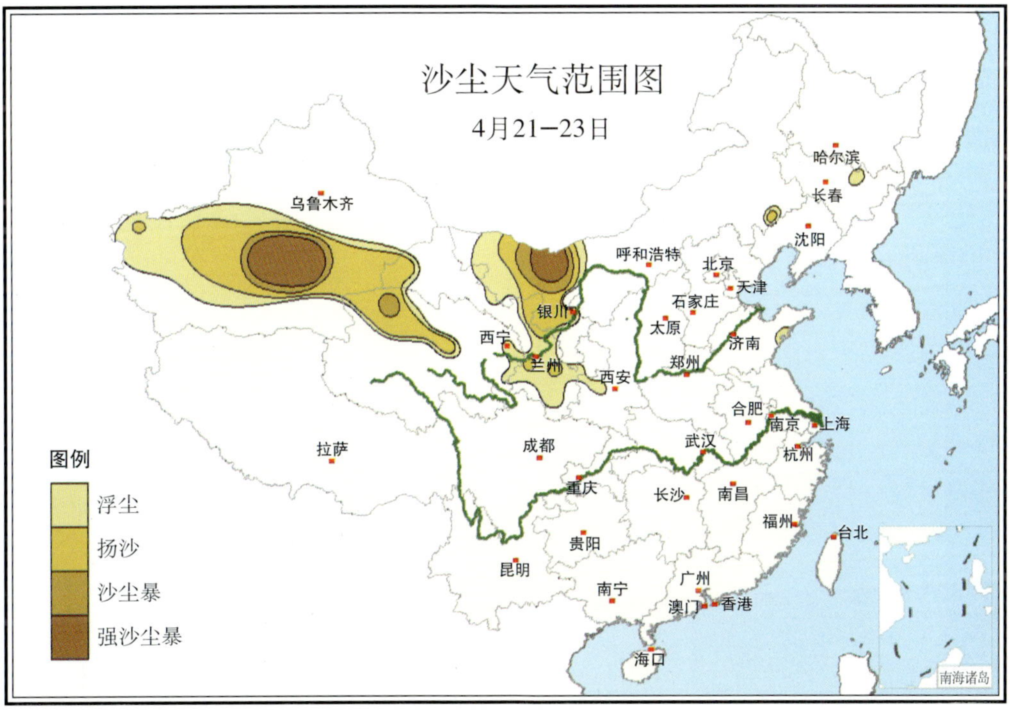

5.11.3　2007 年 4 月 22 日 20 时 500 hPa 环流形势图

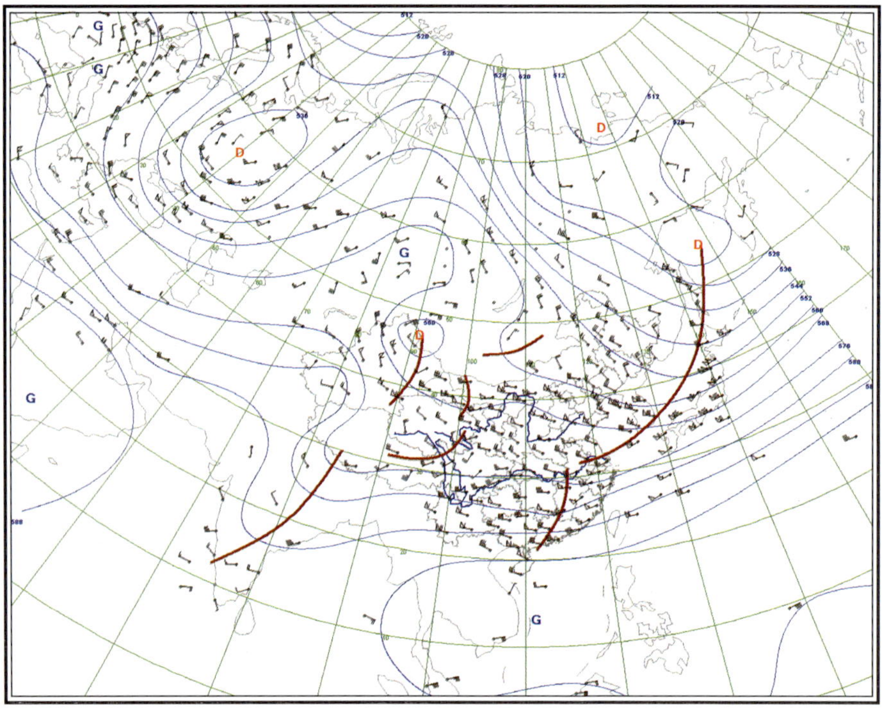

5.11.4　2007 年 4 月 22 日 14 时地面天气图

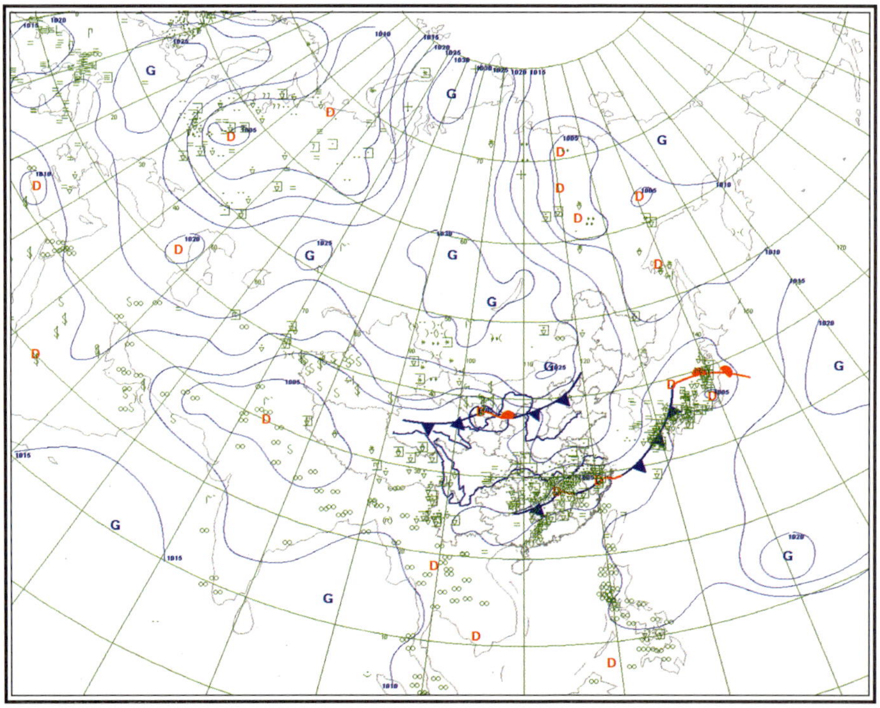

5.11.5 气象卫星监测图

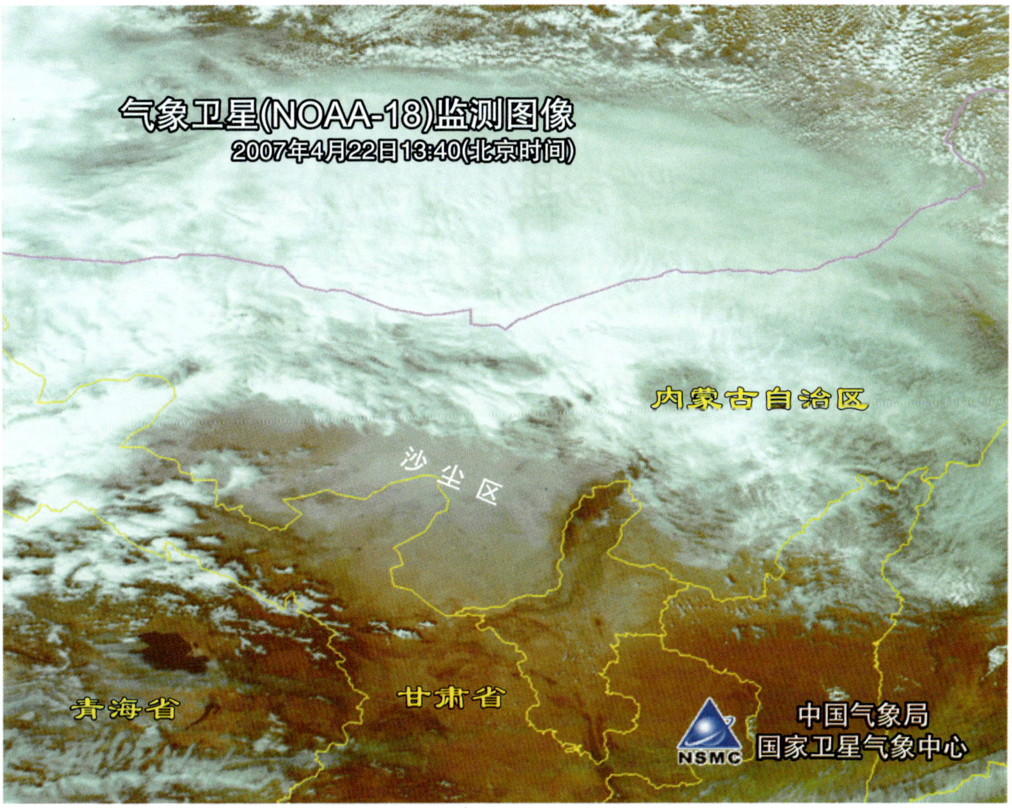

5.12 5月1－2日扬沙天气过程

5.12.1 沙尘天气过程描述

起止时间	5月1－2日
类　　型	扬沙
最大风速（单位：$m \cdot s^{-1}$）及出现地点	15 内蒙古：巴音毛道
最小能见度（单位：km）及出现地点	0.5 新疆：民丰
沙尘路径	西北路径型
沙尘暴范围	南疆盆地、甘肃河西东部等地的局部地区
强沙尘暴地点	/
影响系统	冷锋

5.12.2 沙尘天气范围图

5.12.3 2007 年 5 月 2 日 08 时 500 hPa 环流形势图

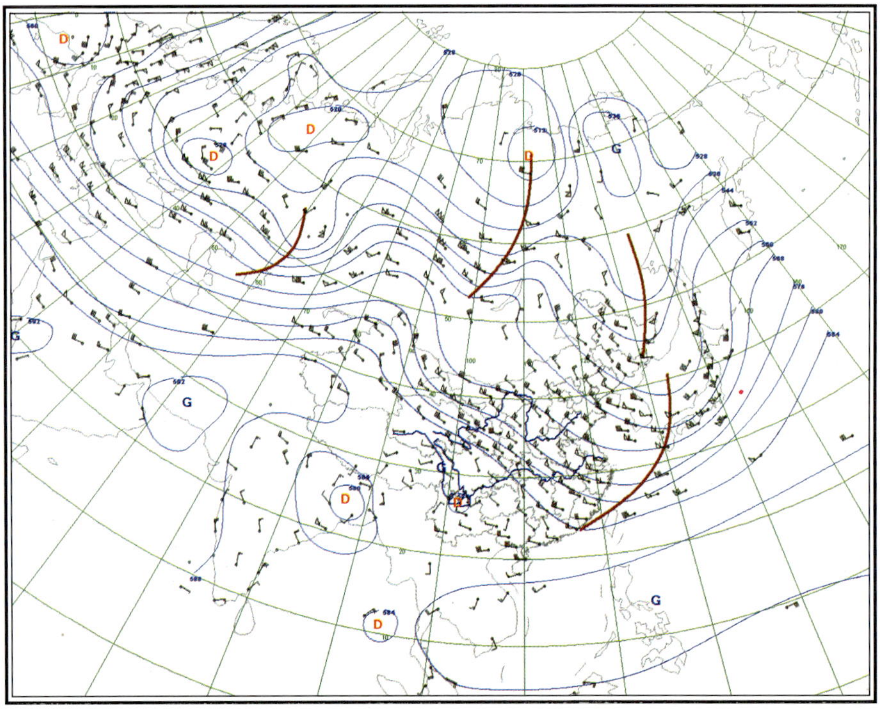

5.12.4 2007 年 5 月 2 日 20 时地面天气图

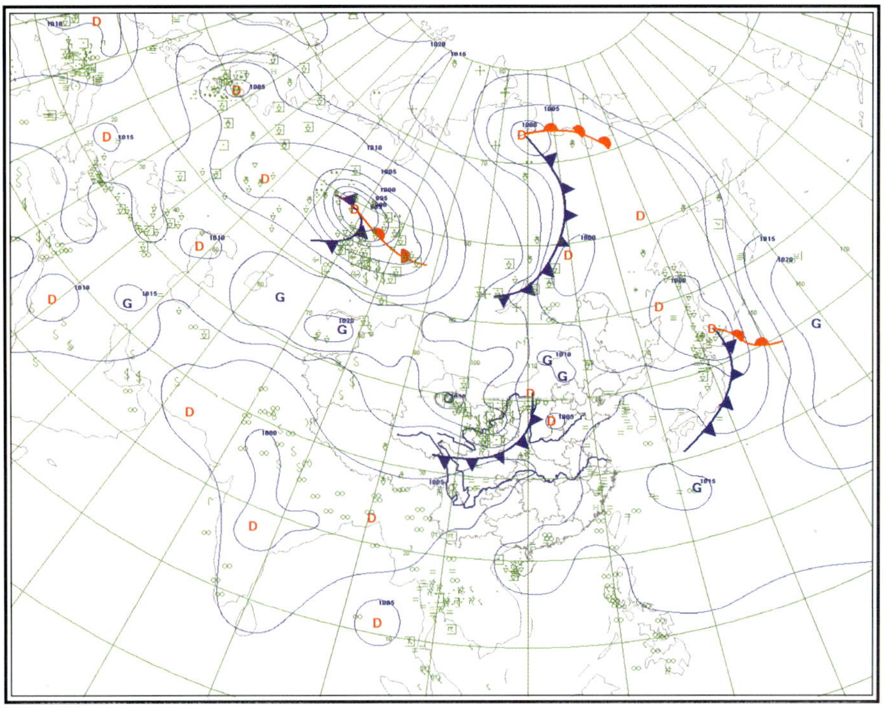

5.13 5月7日扬沙天气过程

5.13.1 沙尘天气过程描述

起止时间	5 月 7 日
类　　型	扬沙
最大风速(单位：$m \cdot s^{-1}$) 及出现地点	12 辽宁：阜新
最小能见度(单位：km) 及出现地点	2 辽宁：彰武 沈阳
沙尘路径	偏北路径型
沙尘暴范围	/
强沙尘暴地点	/
影响系统	冷锋

5.13.2 沙尘天气范围图

5.13.3 2007 年 5 月 7 日 08 时 500 hPa 环流形势图

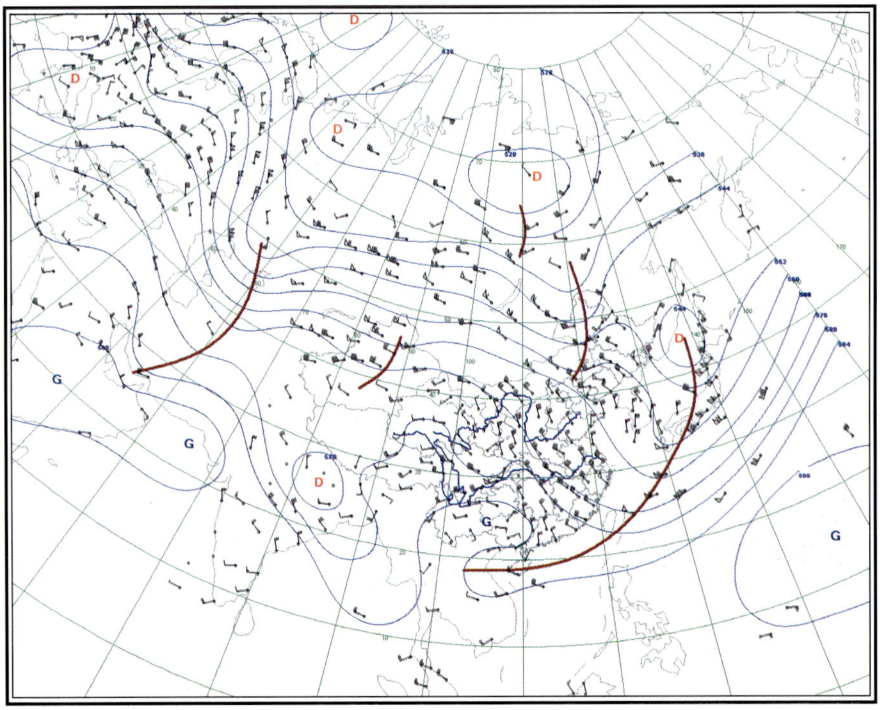

5.13.4 2007 年 5 月 7 日 14 时地面天气图

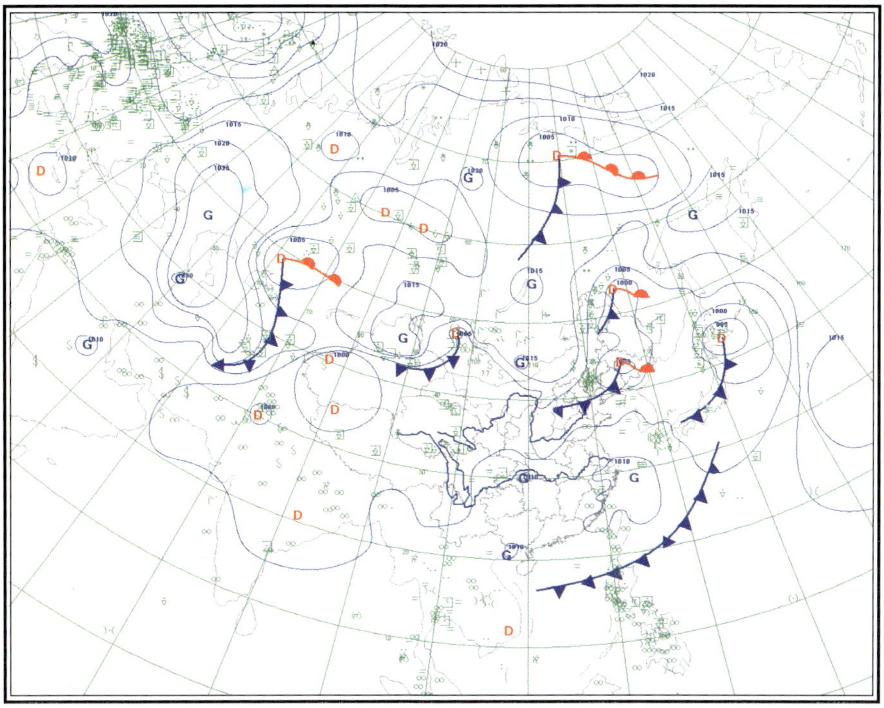

5.13.5 气象卫星监测图

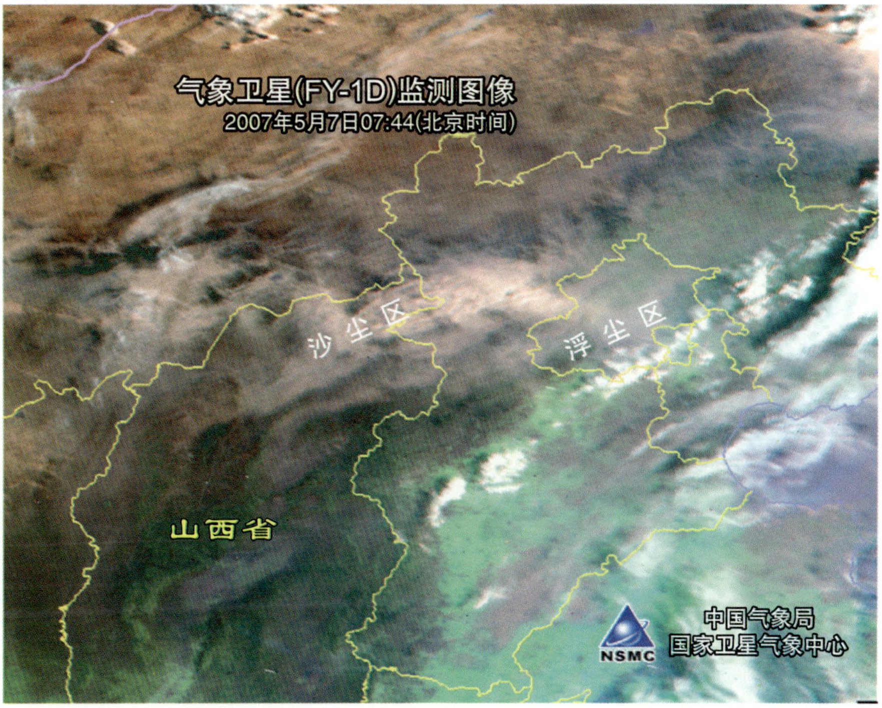

5.14 5月8－11日沙尘暴天气过程

5.14.1 沙尘天气过程描述

起止时间	5月8－11日
类　　型	沙尘暴
最大风速（单位：$m \cdot s^{-1}$） 及出现地点	16 内蒙古：海力素 拐子湖　　新疆：柯坪
最小能见度（单位：km） 及出现地点	0.3 内蒙古：海力素
沙尘路径	偏西路径型
沙尘暴范围	南疆盆地、青海中部、内蒙古中西部的部分地区以及甘肃河西地区、宁夏东部的局部地区
强沙尘暴地点	新疆：阿拉尔 甘肃：民勤 青海：都兰 内蒙古：海力素 吉兰泰
影响系统	冷锋 暖锋

5.14.2 沙尘天气范围图

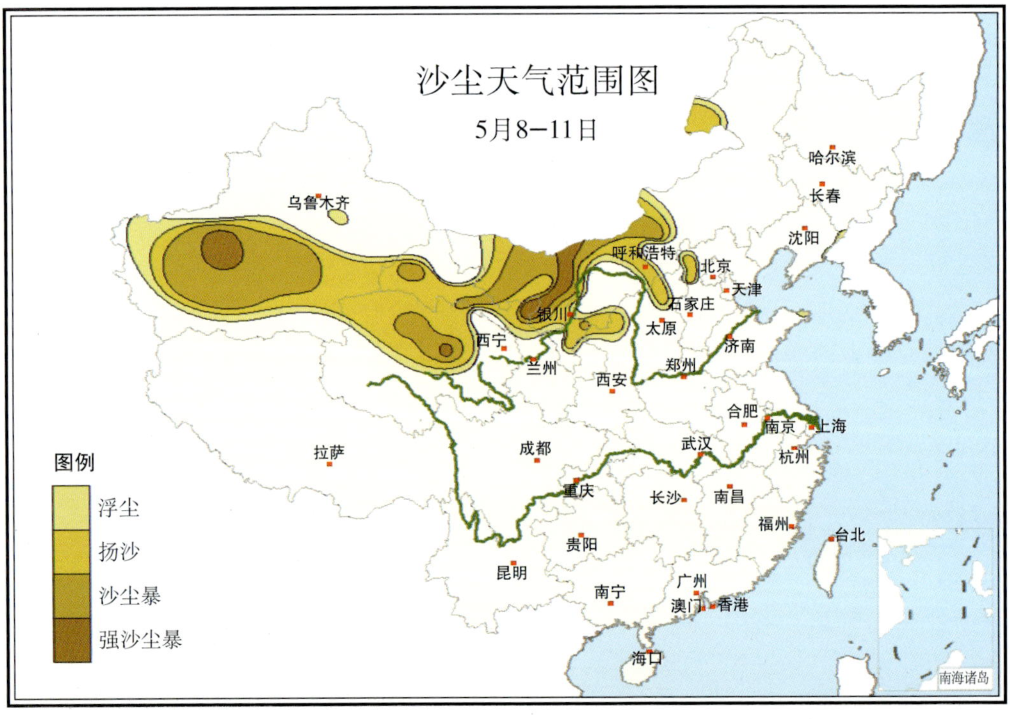

5.14.3　2007 年 5 月 9 日 20 时 500 hPa 环流形势图

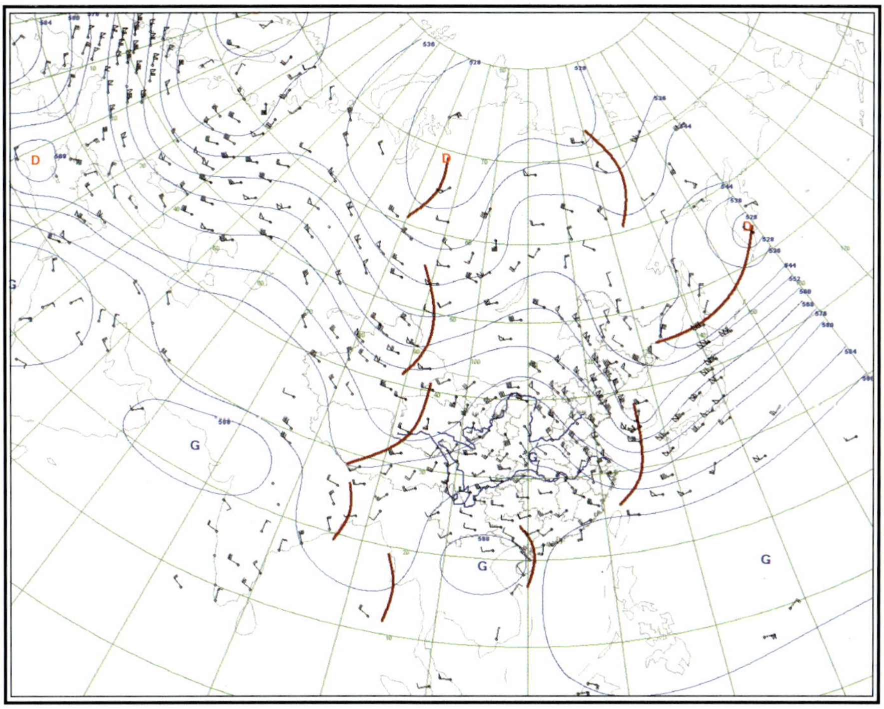

5.14.4　2007 年 5 月 9 日 20 时地面天气图

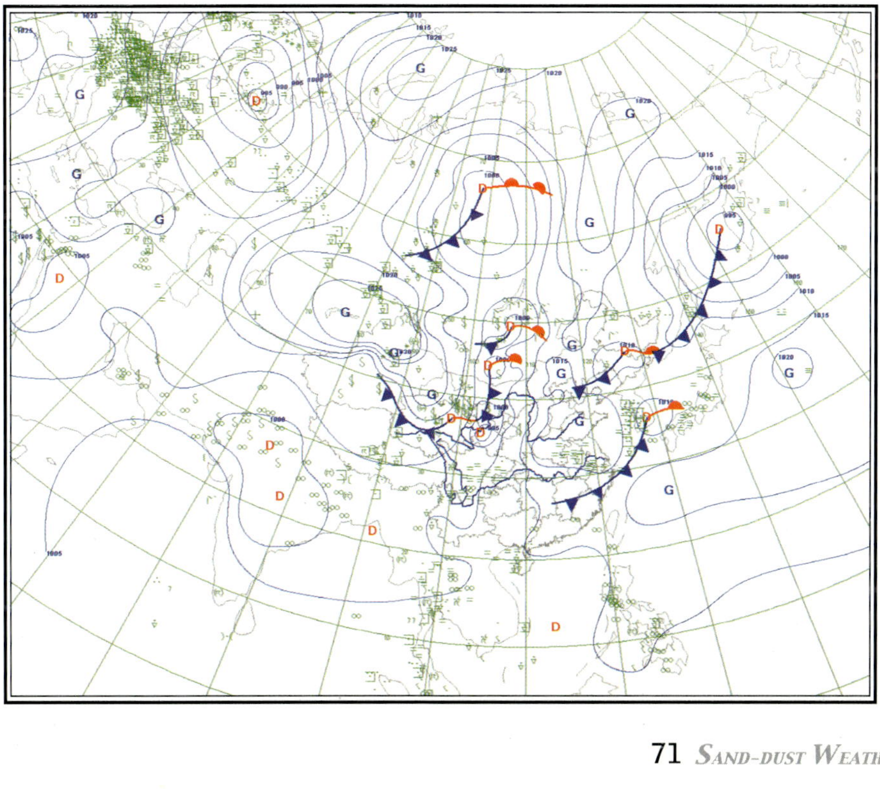

5.14.5 气象卫星监测图

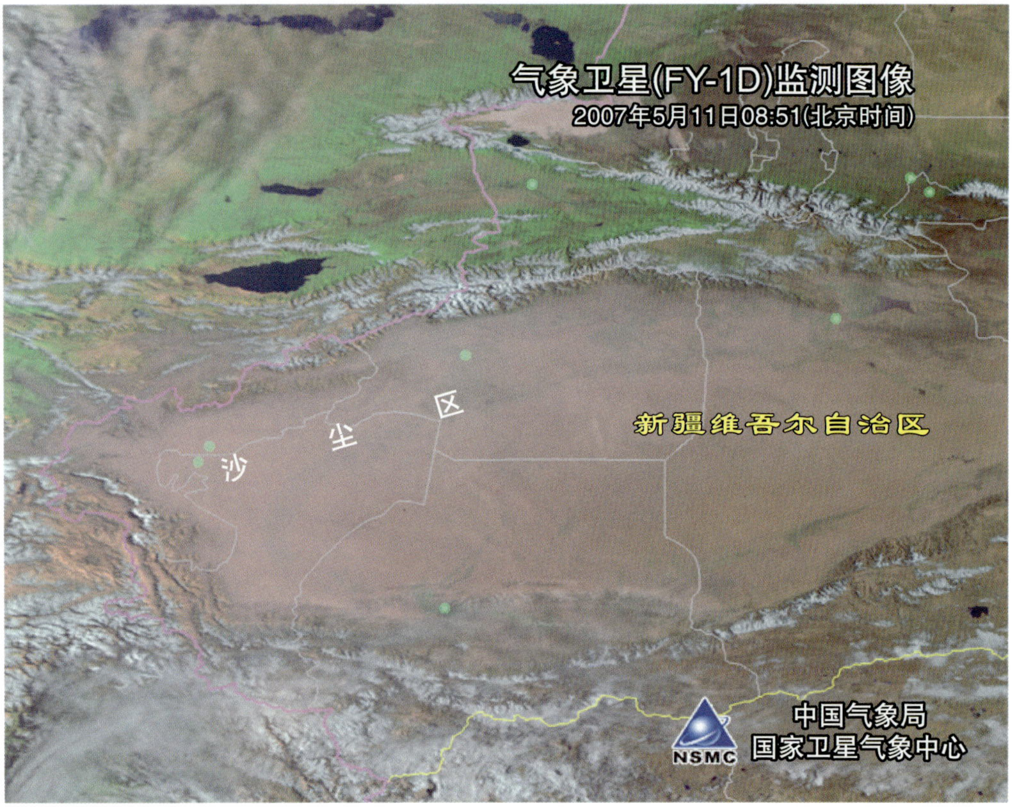

5.15 5月15日扬沙天气过程

5.15.1 沙尘天气过程描述

起止时间	5 月 15 日
类　　型	扬沙
最大风速（单位：$m \cdot s^{-1}$）及出现地点	16 内蒙古：朱日和 巴音毛道
最小能见度（单位：km）及出现地点	0.4 内蒙古：朱日和
沙尘路径	偏西路径型
沙尘暴范围	内蒙古中西部、陕西西北部等地的局部地区
强沙尘暴地点	内蒙古：朱日和
影响系统	冷锋 气旋

5.15.2 沙尘天气范围图

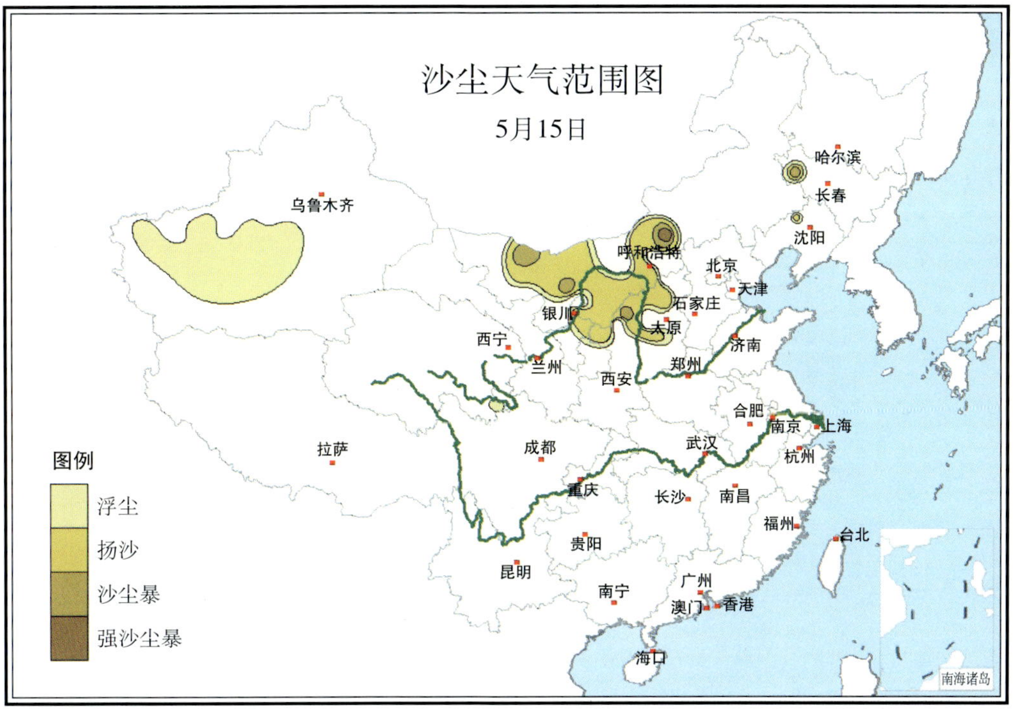

5.15.3 2007 年 5 月 15 日 08 时 500 hPa 环流形势图

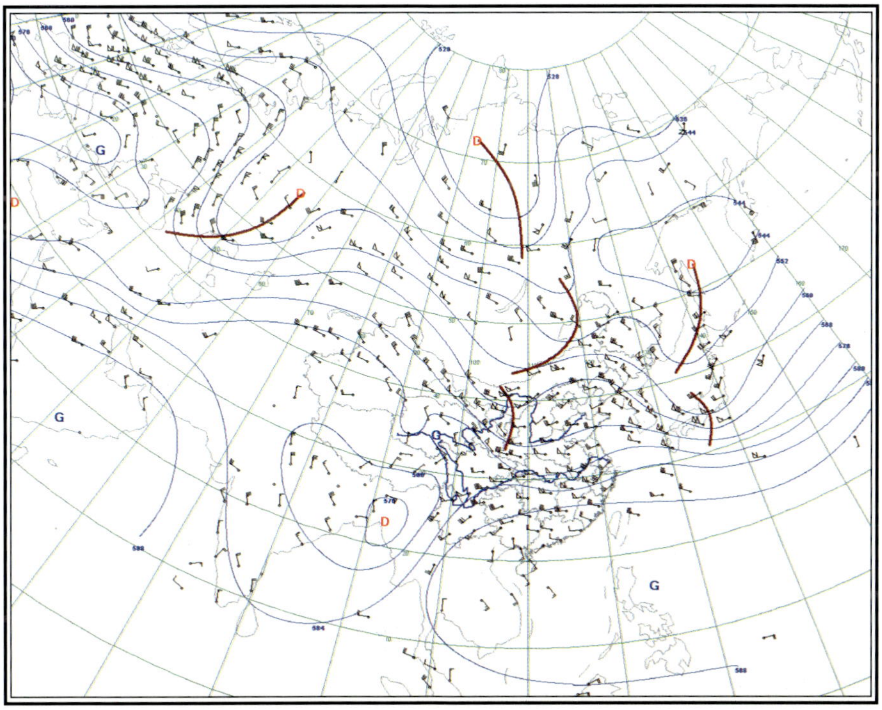

5.15.4 2007 年 5 月 15 日 14 时地面天气图

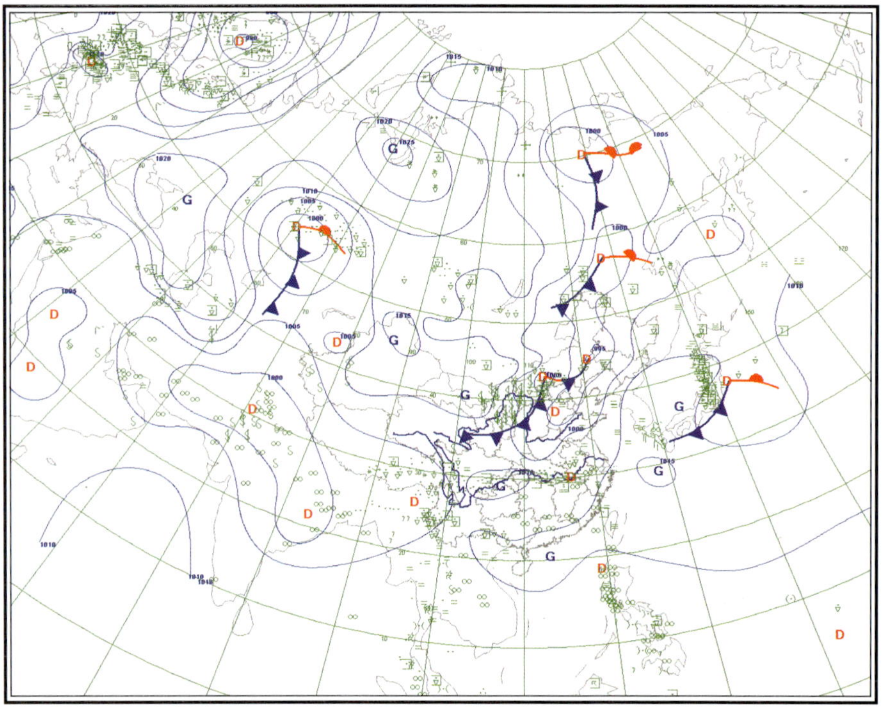

5.15.5 气象卫星监测图

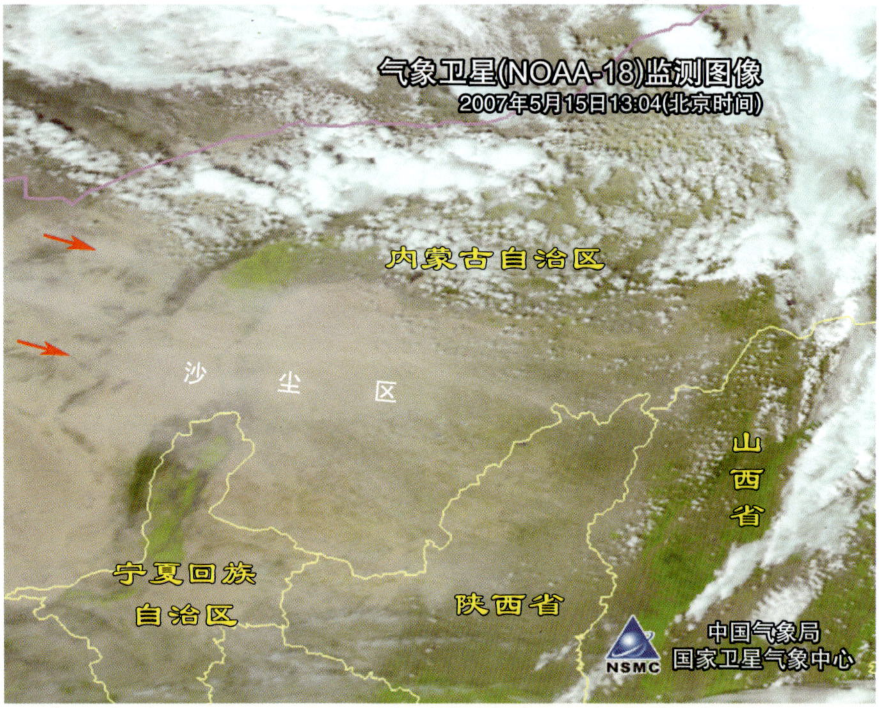

5.16 5月19－21日沙尘暴天气过程

5.16.1 沙尘天气过程描述

起止时间	5月19 － 21日
类　　型	沙尘暴
最大风速（单位：$m \cdot s^{-1}$）及出现地点	16 内蒙古：海力素
最小能见度（单位：km）及出现地点	0.1 新疆：若羌 民丰 且末
沙尘路径	偏北路径型
沙尘暴范围	南疆盆地的部分地区以及内蒙古西部的局部地区
强沙尘暴地点	新疆：若羌 民丰 且末
影响系统	冷锋

5.16.2 沙尘天气范围图

5.16.3　2007 年 5 月 19 日 08 时 500 hPa 环流形势图

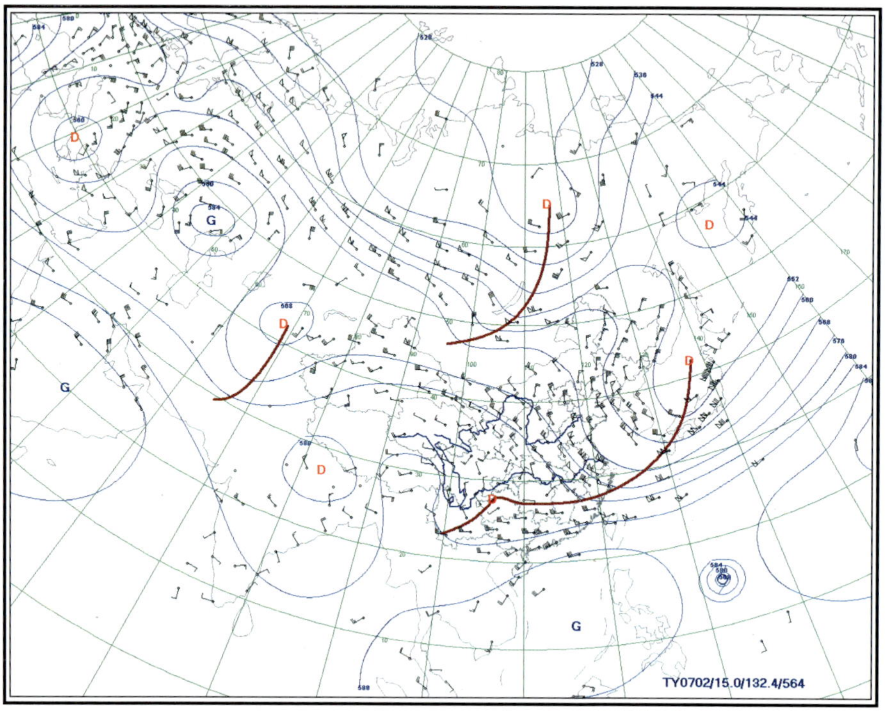

5.16.4　2007 年 5 月 19 日 20 时地面天气图

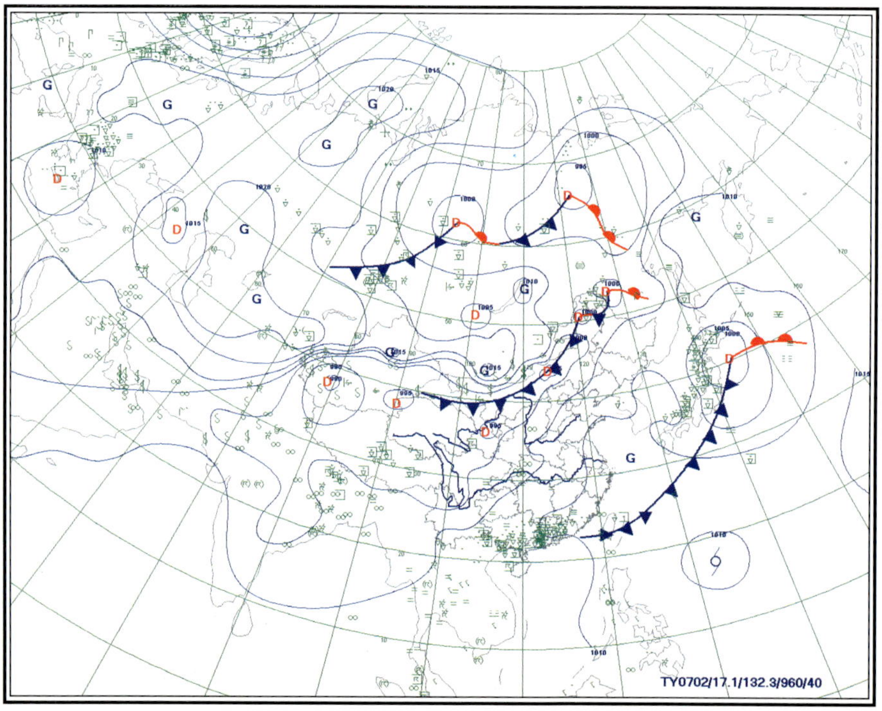

5.16.5 气象卫星监测图

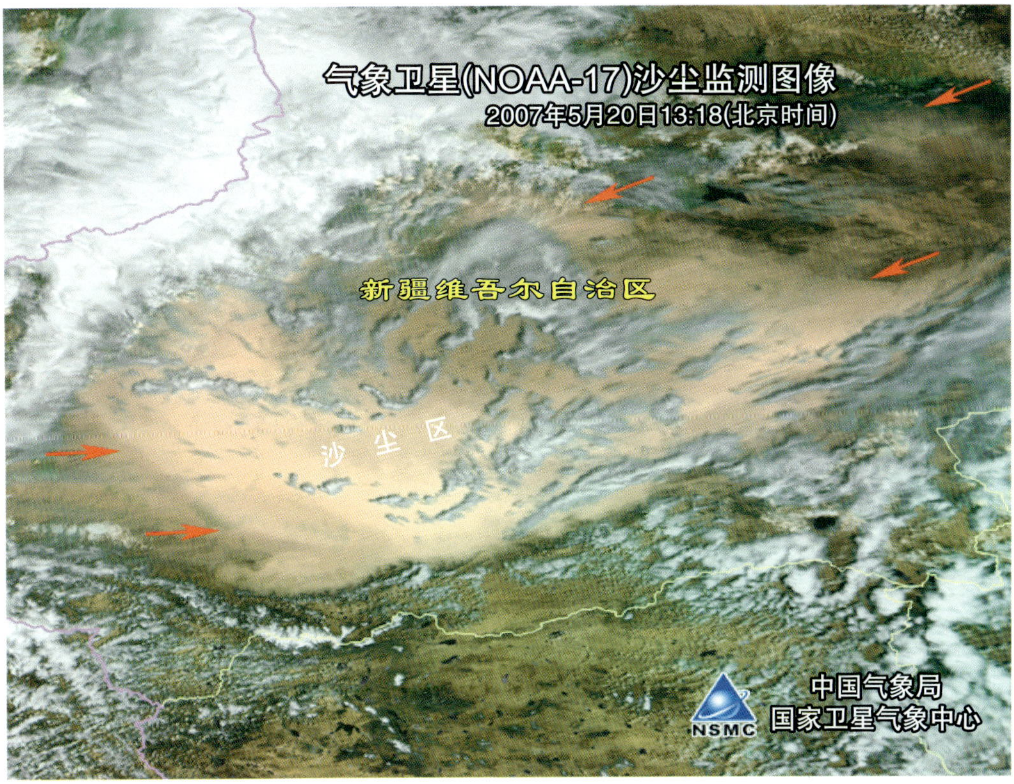

5.17 5月22－24日沙尘暴天气过程

5.17.1 沙尘天气过程描述

起止时间	5 月 22 － 24 日
类　　型	沙尘暴
最大风速(单位：$m \cdot s^{-1}$) 及出现地点	19 内蒙古：海力素
最小能见度(单位：km) 及出现地点	0.2 新疆：且末　　内蒙古：海力素
沙尘路径	偏西路径型
沙尘暴范围	南疆盆地东部、甘肃河西偏北地区、内蒙古西部的部分地区以及陕西西北部的局部地区
强沙尘暴地点	新疆：且末　　内蒙古：海力素
影响系统	蒙古气旋 冷锋

5.17.2 沙尘天气范围图

5.17.3 2007 年 5 月 23 日 20 时 500 hPa 环流形势图

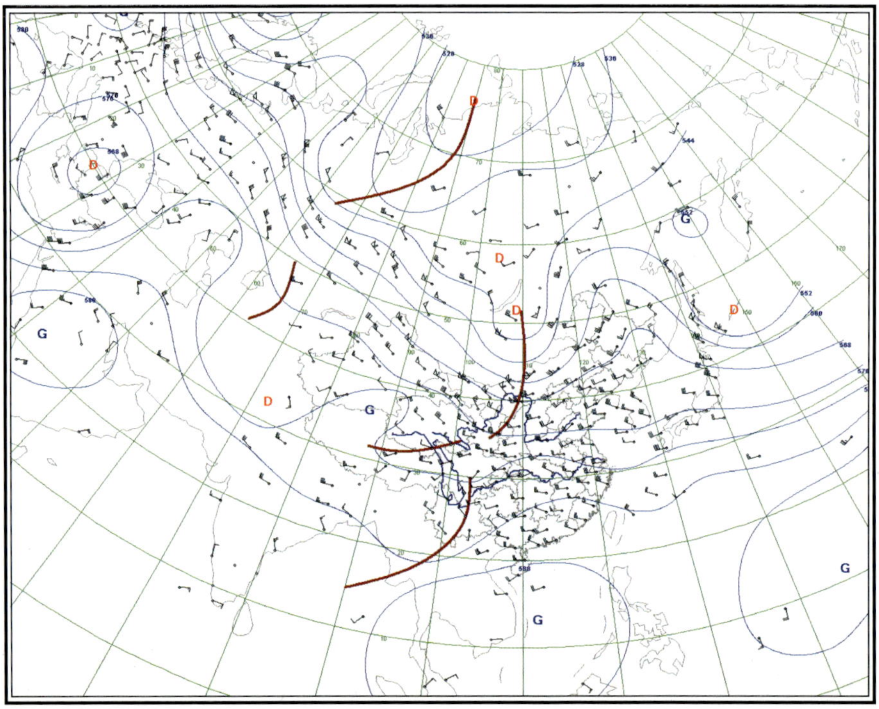

5.17.4 2007 年 5 月 23 日 20 时地面天气图

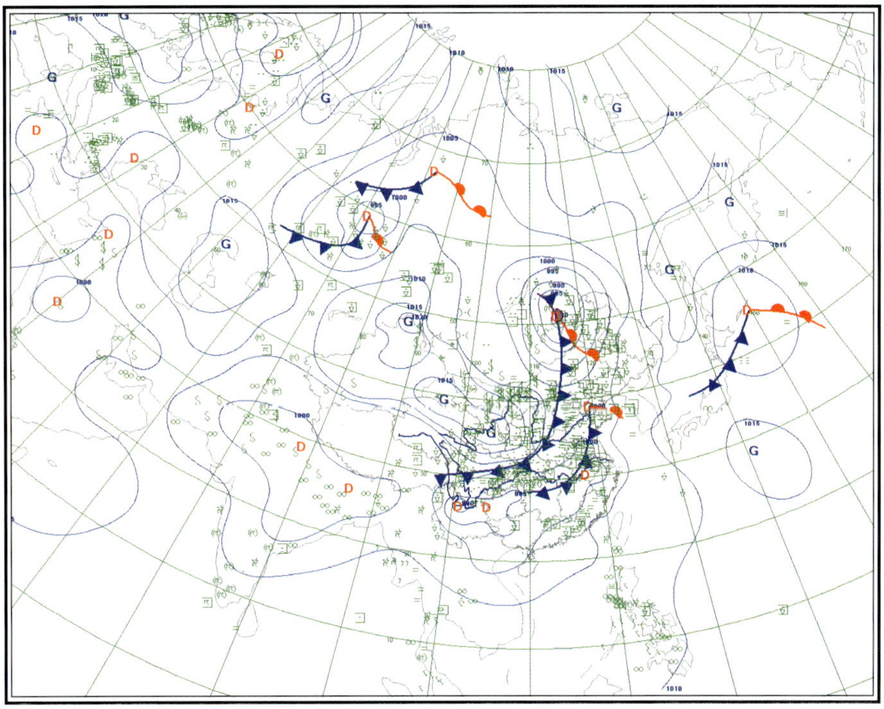

5.17.5 气象卫星监测图

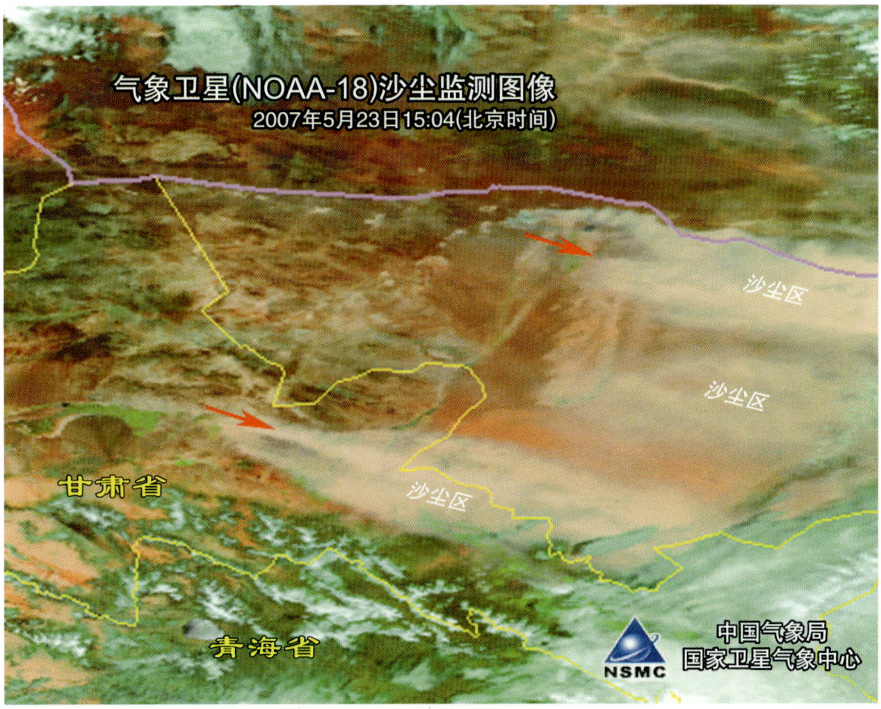

5.18 12月27－29日扬沙天气过程

5.18.1 沙尘天气过程描述

起止时间	12 月 27 － 29 日
类　　型	扬沙
最大风速 (单位：$m \cdot s^{-1}$) 及出现地点	16 内蒙古：海力素 满都拉 苏尼特左旗
最小能见度 (单位：km) 及出现地点	0.4 内蒙古：海力素
沙尘路径	偏西路径型
沙尘暴范围	内蒙古中西部偏北地区的部分地区以及 甘肃河西东部的局部地区
强沙尘暴地点	内蒙古：海力素
影响系统	冷锋

5.18.2 沙尘天气范围图

5.18.3 2007 年 12 月 27 日 20 时 500 hPa 环流形势图

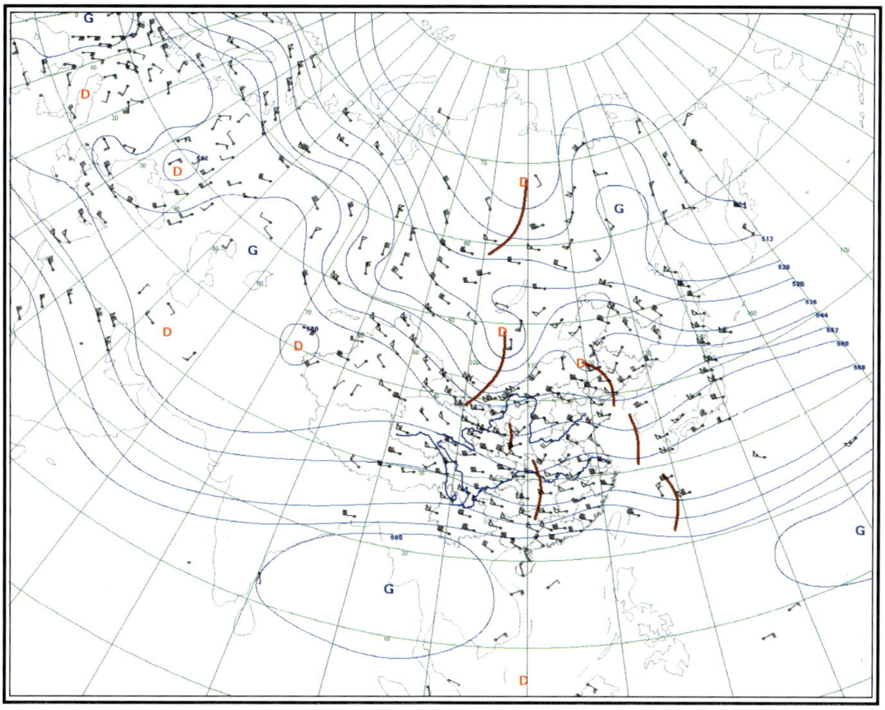

5.18.4 2007 年 12 月 27 日 20 时地面天气图

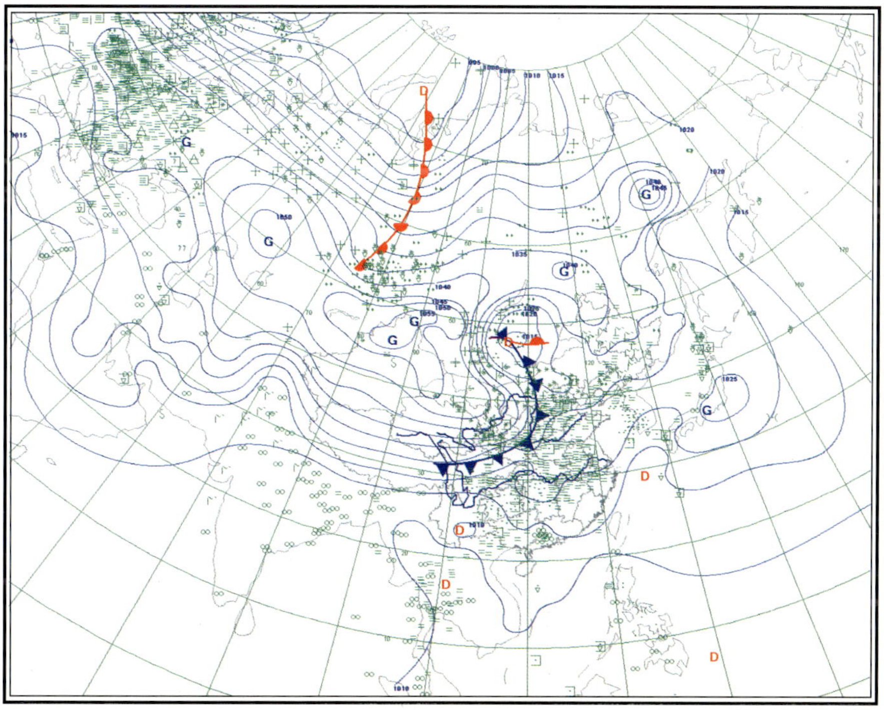

5.18.5 气象卫星监测图

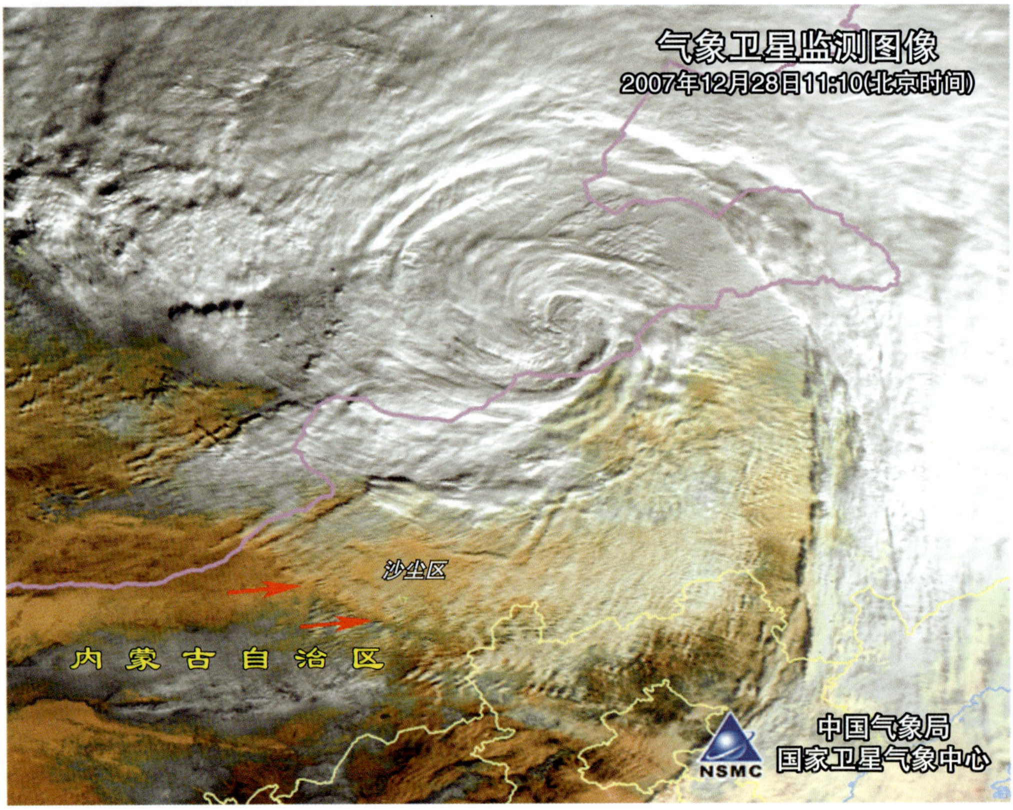